PROJECT MANAGER

プロジェクトマネージャ

情報処理技術者高度試験速習シリーズ
午後Ⅱの認識を間違っていませんか？

忙しくても　論述に合う経験がなくても
これだけで、**合格**する!!

最速の
論述対策

三好隆宏 **2024年度版**

午後
Ⅱ

TAC出版
TAC PUBLISHING Group

ちょっとした準備で合格できる

これは，プロジェクトマネージャの午後Ⅱ試験に特化した対策本です。

もしあなたが以下のどれかにあてはまるなら，本書が役に立つと思います。

- 仕事が忙しいので，できるだけ短時間で対策を済ませたい。
- 自分の業務内容・経験にあてはまる論述のひな形が欲しい。
- 目標とする（合格）答案のレベルを知りたい。
- 論述答案の作成のコツを知りたい。
- 手っ取り早く合格したい。

午後Ⅱは，午前や午後Ⅰと違って，解答例や採点基準が公表されません。そのため，「どの程度の答案を作成すれば合格するのか」の目安が定めにくいです。そこで，本書では，その具体的な目安とそれを手っ取り早く実現するための手段を提供します。

午後Ⅱの評価は，AからDの4種類です。Aだけが合格です。

> ⬇つまり
> **BからDの答案にならない＝A（合格）**

ということです。

Aの答案の要件が明確でなくても，どういう答案がBからDになるかは比較的明確化できます。筆者は長年，受験機関で午後Ⅱの添削を担当してきました。提出される答案の多くはBからDの答案です。添削作業を通じて「どのような答案が不合格レベルになるのか」はよくわかっています。

もちろん，AとBの境界（合格と不合格の境目）は微妙なところがあります。しかし，B以下になってしまう特徴をすべて排除できれば，余裕のあるA（確実に合格する答案）になります。

本書の狙いはその一点です。お役に立てば幸いです。

2024年1月

三好 隆宏

合格への道すじ

❖❖❖❖❖❖ まず合格のための "前提" を間違わない！ ❖❖❖❖❖❖

なぜ、パッとしない論述しかできないのか？

1. 時間がないからできない？

忙しいという理由で試験対策をほとんどしない	短時間でできる論述試験対策がある！ ➡ p.25

2. 午後Ⅱに対するイメージが誤っている

論文のテーマに適した経験がない（そもそもプロジェクトマネジメントの経験がない） そのためボリュームが極端に少ない具体性に欠ける内容、または、問題の要求に合っていない答案になる	答案は「**フィクション**」。テーマ、設問要求に合わせて「**創作**」するもの ➡ p.29

3. 試験会場での対応力に依存しすぎている

どんなテーマの問題が出るかわからないので、試験会場での対応力を鍛える	「試験会場で考えなければならないこと（＝対応力）」をいかに少なくするかが重要。 テーマを問わず**短時間でできる事前準備**がある！ ➡ p.31

❖❖❖❖❖❖ 午後Ⅱの論述試験は、形式・内容ともに「ダメな答案」でなければ合格する！ ❖❖❖❖❖❖

× ダメな答案とは	○ 合格する答案とは
・章立てしていない，段落設定すらしていない ・（内容は具体的だが）設問の要求と違うことを解答している ・その逆に、問題文の内容を反映しているが、具体性に欠ける ・要求にそもそも応えていない ・単なる自慢話になっている	形式面：設問の要求に合わせて章・節立てし、段落設定も行う 内容面：作問者の要求に正しく応えていることが、採点者に明確に伝わるように書く ➡ p.24

試験当日までにしておく準備

"モジュール" の用意 ➡ p.39

モジュールとは：合格レベルの答案に求められる具体的な内容を要素ごとに分解した汎用フレーズ

→これを作っておけば、試験会場ではモジュールを組み合わせる作業に徹すればよくなる！

・題材（プロジェクトの概要・特徴）モジュール（設問アの要求に応えるモジュール）
・題材補強用モジュール（具体性をアピールするためのモジュール）
・実施内容アピール用モジュール（コミュニケーション関連、ユーザ（部門）関連、マネジメントプロセス関連）

試験会場で「半自動的」にできるように、事前に覚えておくルール

・**章・節のタイトル**は、設問要求内容をそのまま使う ➡ p.52
・設問要求を主語にした文を入れる
・問題文で例示されている内容を、答案に反映する

→採点者にわかりやすい言葉で書く→問題・設問に使われている言葉をそのまま使うのがポイント

つまり、本番で頭をひねらなくても、「半自動的」に章や節の構成・タイトル、文の主語は決まってくる！

重要テクニック ➡ p.73

・**具体性のアピール**　設問イ・ウでは、「例えば」を使った具体例を１つ入れる
　　「なぜなら（理由説明）」より「具体的には（具体性のアピール）」を優先
・設問ウの定番要求「実施状況（結果）」と「評価」は、明確に分けて書く
　　「実施状況」は数字の比較で示し、それに対する「評価」を書く
・「工夫した点」を要求された場合は、「工夫した点は、……」と明示的に書く

試験当日、会場での作業

答案を書くための手順 ➡ p.117

1．問題を選択（決定）する	➡ 用意したモジュールを使いやすい問題を選ぶ
2．設問ア〜ウの内容に基づき章・節立てを行う	➡ ルールを覚えておけば「半自動的」にできる！
3．問題文を読み、その内容に基づいて各節のポイントを決める（項レベルのタイトルを決める）	➡ 問題文で例示されている内容を、答案に反映する
4．上記作業で決めた構成に利用できるモジュールを対応づける	➡ モジュールを組み合わせよう！
5．設問アから論述を開始する	➡ 後は書くだけ！

本書の使い方

　本書は，一連の対策となっているので最初から順番に読み進めていって下さい。各フェーズにおける作業は以下のとおりです。

- **Kick-off Meeting**：試験対策を始める前に，まずは合格のために"やるべきこと"を確認する。
- **Phase01**：合格できる答案の条件や，不合格になる原因を知る。
- **Phase02**：答案の構成要素となる"モジュール"について，その中身や使い方を知る。
- **Phase03**：答案の組み立て方を知る。章・節立ての重要性とその作り方を知る。形式が整えば、モジュールを活かしやすくなる。
- **Phase04**：必要なモジュールを実際に作成する。あなたが知っているプロジェクト，過去の午後Ⅰの本試験問題などを活用しながら行う。
- **Exercise**：一連の作業の確認として実際に答案を作成する。合格するために，試験前にかならずやろう！
- **Cutover**：試験当日のイメージトレーニングを行う。
- **付録／合格できる答案**：実際の論述で使えるフレーズや，答案例を掲載したので，参考にしてください。
- **ダウンロードサービス**：TAC出版書籍販売サイト「CYBER BOOK STORE」（https://bookstore.tac-school.co.jp/）の「解答用紙ダウンロードサービス」コーナーから，プロジェクトマネージャ午後Ⅱ論述試験の解答練習用原稿用紙（PDF形式）をダウンロードできます。

目　次

Kick-off Meeting

キックオフ・ミーティング

合格プロジェクト，始動！

1．あなたはプロジェクトマネージャ試験に合格できる！

　まずは本編に入る前に「Kick-off Meeting」と題して，プロジェクトマネージャ試験合格のためにやるべきことを確認しておこう。

　この本を手に取ってここを読んでいるあなたは，情報処理技術者試験のプロジェクトマネージャ試験に興味をもっているだろう。しかし，もしあなたが次のような状況のどれかに当てはまるとすると，「興味はあるけれど，今の自分にはちょっと無理かも?!」と考えている可能性がある。

- 現役バリバリのプロジェクトマネージャなので，忙しくて試験対策のために十分な時間が確保できない
- まだプロジェクトマネージャではない（例えばチームメンバやチームリーダである）ので，論文のテーマに適した経験がない
- IT関連の仕事はしているものの，プロジェクトタイプの業務ではない（例えばシステム運用が中心の業務であるなど）

　もし，あなたがこういった状況にあったとしても，「**合格できる！**」ということが，この本を読めば理解できるはずである。

　ただし，決して「何もしなくても合格できる」ということではない。あなたが興味をもっているプロジェクトマネージャ試験は"難関試験"のひとつである。

　当然ながら，ある程度の試験対策は必要である。しかし，それは仕事が忙しくても十分に可能である。現役のプロジェクトマネージャでなくても，論述のテーマに合った経験がまったくなくても，合格できる。

　この，プロジェクトマネージャ試験に合格するための試験対策を"合格プロジェクト"と名付けよう。

　このプロジェクトは論述対象となるものとは異なり，システム開発ではないし，期間的には短く，あなた単独で行うものである。しかし，特定の目標があり，期間限定であるからプロジェクトである。

　価値のあるプロジェクトは，「メンバが参画することに意義を感じる」ものである。仮にプロジェクトが，計画通りに達成されたとしても，メンバがプロジェクトその

ものの意義，自分が参画することの意義を，日々の取り組みの中で実感できないようなら，プロジェクトとして価値はない。逆に価値があるプロジェクトであれば，なんらかの要因により期間，予算，品質において「失敗」したとしても，そこから学ぶことができ，成長することができる。それがまたひとつの価値になる。したがって，大切な問いは「PMの試験に合格できるか？」ではなく「**PMの試験の準備（勉強）をすることと，試験に合格することに意義があるか？**」である。この問いに対するこたえが「YES」であれば，プロジェクトをスタートさせよう。意義が実感できれば，プロジェクトとして取り組む価値がある。

> プロジェクトマネージャ試験は，プロジェクトマネージャとしての実績や経験とは無関係に合格できる！
> ・**忙しくても合格できる**（もちろん、忙しくなくても合格できる）
> ・**プロジェクトマネージャじゃなくても合格できる**
> ・**論述のテーマにピッタリな経験がなくても合格できる**

 ひとこと

　答案を採点していて感じるのは，「PMとしての経験が豊富な人が書いたと思われる答案のほうがテーマや要求をはずしたものが多い」ということです。何しろ経験がありますから「その経験をそのまま書いてしまう」ことになりやすいのです。それが結果的に，テーマや要求をはずした答案になってしまいます。試験で設定されるテーマや要求にピッタリ当てはまるプロジェクトはほとんどありませんから。

2. 試験の特徴を知り，適切な試験対策を知る

■ 午前は "知識"，午後Ⅰは "問題に関する理解"，午後Ⅱは "モジュールの事前準備" がポイント

　最初に，プロジェクトマネージャ試験とはどのような試験なのか，その全体像と特徴を確認しておこう。どのような試験の対策でも，"試験の特徴を知ること" が欠かせない。特徴を知らなければ，合格に必要な試験対策を適切に行うことができないからだ。

　特にプロジェクトマネージャ試験は，多肢選択式（午前Ⅰと午前Ⅱ），記述式（午後Ⅰ），論述式（午後Ⅱ）と３つの形式の問題があり，要求される要素（能力）がそれぞれ異なるという複雑な構成となっている。当然，それぞれの試験対策も違ってくる。

試験時間・出題形式・合格ライン

	午前Ⅰ	午前Ⅱ	午後Ⅰ	午後Ⅱ
試験時間	9:30〜10:20 （50分）	10:50〜11:30 （40分）	12:30〜14:00 （90分）	14:30〜16:30 （120分）
出題形式	多肢選択式 （四肢択一）	多肢選択式 （四肢択一）	記述式	論述式
出題数	30問	25問	3問	2問
解答数	30問	25問	2問	1問
合格ライン	60点以上	60点以上	60点以上	ランクA

※ （独）情報処理推進機構「情報処理技術者試験　試験要綱　Ver5.3」より引用（一部加工）

　これらの異なる形式の問題に対して，それぞれに応じた試験対策を一定期間内に行わなければ合格できない。それがこの試験を難関にしている要因のひとつである。

　この本は論述式の試験である「午後Ⅱ」のための対策本ではあるが，まずは試験全体の特徴を確認しておこう。以下に各問題の特徴と求められる要素，そしてそれらを踏まえた上での適切な試験対策について簡単にまとめておく。

●**午前Ⅰ，午前Ⅱ**

多肢選択式（四肢択一のマークシート式）の知識問題，60点以上で合格

「午前Ⅰ」と「午前Ⅱ」は，いくつかの領域から出題される多肢選択式（マークシート式）の問題である。要するに"知識"が問われる。選択肢の内容が意味することを理解した上で，その正誤が判断できる知識があるかどうかが問われる。

　試験対策としては，繰り返し学習による暗記が有効である。覚える必要のある（出題が予想される）領域について，覚える必要のある（正解を選択できる程度の）レベルの知識を整理しておく。過去問などを利用して，必要事項を試験直前期に徹底的に繰り返して覚え，試験会場で即座に使える知識に仕上げておこう。

●**午後Ⅰ**

試験問題の"つくり"に関する理解がポイントとなる記述式問題，60点以上で合格

「午後Ⅰ」は数ページの問題文と複数の設問から構成されている。解答は数十字程度の記述式である。全3問のうちから2問を選択し，90分間で解答する。プロジェクトマネージャとしての知識はそれほど必要としない。しかし，試験問題がどう作られているかの理解は必要である。具体的には，設問の内容やレベル，要求の字数，解答の根拠の埋め込み方，全体のボリューム，といったものである。幸いにして午後Ⅰは解答例が公表されるので，問題文，設問，解答という3つの要素がすべて正確にそろう。これらを有効に活用し，試験で要求される内容，解答内容を特定するための根拠の示し方，解答の具体性のレベルなどについて，事前に十分に理解しておくことが対策のポイントとなる。

　短期間で午後Ⅰ対策を仕上げたい場合は，姉妹書『プロジェクトマネージャ午後Ⅰ　最速の記述対策』（TAC出版）を利用してほしい。

●**午後Ⅱ**　（※本書はこの「午後Ⅱ」の試験対策本である）

"モジュール"の準備が決め手となる論述式問題，ランクAのみ合格

　2問中1問選択し，選択した問の要求に従って2時間で2,000～3,600字の論述を行う形式の問題である。午後Ⅱだけは素点評価ではなくランクでの評価となっている。ランクはA～Dの4段階であり，Aランクのみが合格できる。評価方法は，以下のとおりである。

・設問で要求した項目の充足度，論述の具体性，内容の妥当性，論理の一貫性，見識に基づく主張，洞察力・行動力，独創性・先見性，表現力・文章作成能力などを評価の視点として，論述の内容を評価する。また，問題冊子で示す"解答に当たっての指示"に従わない場合は，論述の内容にかかわらず，その程度によって評価を下げることがある。

・評価ランクと合否の関係は次のとおりとする。

午後Ⅱ（論述式）試験の評価ランクと合否の関係

評価ランク	内　　容	合　否
A	合格水準にある	合格
B	合格水準まであと一歩である	不合格
C	内容が不十分である 問題文の趣旨から逸脱している	不合格
D	内容が著しく不十分である 問題文の趣旨から著しく逸脱している	

※（独）情報処理推進機構「情報処理技術者試験　試験要綱　Ver5.3」より引用

　小難しい評価項目が並んでいるという印象を受けるかもしれないが，要するに要求に応えた構成・内容の答案を時間内に書き上げることが求められているのである。

　それでは，どのような試験対策を行えば合格するのか。ひと言でいえば，試験会場に行くまでに合格レベルの答案の内容を準備しておくことである。どれほど文章力があり，うなるほどプロジェクト経験がある人でも，何も準備しないで"その場で何とかする"というやり方は通用しない。

　ここでの"準備"とは，ある程度の答案を2時間で作成できるためのスキルに磨きをかけるというトレーニングのことではない。忙しいあなたには，そのようなことをやっている時間はないだろう。また，いろいろなパターンのテーマに対応できるよう，数多くの題材をもとにした答案を準備しておく，ということでもない。そうだとすると，プロジェクトマネージャとしての経験がない人はそもそも準備すらできないことになってしまう。そうではなくて，汎用性のある論文の"**モジュール**"（答案の具体的な内容を要素ごとに分けたもの）をあらかじめ準備しておくということである。

> 多肢選択式（午前Ⅰと午前Ⅱ），
> 記述式（午後Ⅰ），論述式（午後Ⅱ）の
> ３種類の異なる問題への
> 適切な試験対策を行えば合格できる！
> ➡
> **午後Ⅱは"モジュール"の準備がポイント！**

■「午後Ⅱ」はプロジェクトマネージャ試験合格の"要"

　午後Ⅱの試験対策は，やり方次第で驚くほど短期間で済ませられる。そのやり方がこの本に書いてある。

　すでに説明したように，午後Ⅱの対策は論述に使用する"モジュール"を準備しておくことがもっとも現実的かつ効果的である。それだけに限定すれば，午後Ⅱは"一夜漬け"程度で試験対策を済ませることができる。そして，より多くの時間を午前Ⅰと午前Ⅱ，午後Ⅰに費やすことができる。

　午前Ⅰ・Ⅱや午後Ⅰで合格点を取れないと，午後Ⅱの答案は採点されないわけだから，こちらの準備もしっかり行っておきたい。午後Ⅱ（論述）の対策に力点を置いて，試験当日満足できる答案が作成できたとしても，その手前の午後Ⅰで６割未満の得点になってしまうとそこでおしまいである。

3．あなたには合格プロジェクトを 成功させる義務がある

　プロジェクトマネージャの試験対策は，あなたにとって単なる勉強ではなく，**あなた単独で行うプロジェクトである**，と定義して取り組んでもらいたい。もし，あなたが現役プロジェクトマネージャではなく，まだプロジェクトマネージャとしての経験がないのであれば，これが最初のプロジェクトである。そう考えよう。

　さらにもうひとつ認識しておいてもらいたいことがある。この合格プロジェクトは，ほぼ100％あなた単独で行うものである。もちろん，試験会場で問題を処理するのもあなたひとり。しかし，あなたが行う対策とその結果に影響を受ける人たちは必ずいる。つまり，あなたの合格プロジェクトのステークホルダ（利害関係者）はあなた以外にも存在するということである。勉強時間を捻出するために家族や職場の同僚たち，お付き合いしている相手の理解と協力が必要になるかもしれない。場合によっては，試験当日，仕事が入ることになり（あるいは予想され），顧客や外注先の理解と協力が必要になることだってあるだろう。その点だけは忘れないようにしよう。「**自分の行動に影響を受けるまわりの人たちがいる**」という思いは，あなたを確実に強くする。協力してくれる人たちのためにも，あなたにはこの合格プロジェクトを成功させる義務があると考えよう。

　試験対策は，あなたにとってひとつの重要なプロジェクトである。
　そして，その成否に影響を受けるのはあなただけではない。
　あなたにはこの合格プロジェクトを成功させる義務がある。

■ Kick-off Meetingのおわりに

ここまでの文章もそうだが，この本では意図的に断定的な表現を使っているので，乱暴な印象を受けているかもしれない。断定的な表現は思考をストップさせてしまうため，よく考えることを期待する内容の本の場合には不向きである。しかし，この本はマニュアルに近いものであるから，敢えてこのような表現とした。

また，忙しいあなたも取り組めるように，コンセプトとして"必要最低限まで情報をスリム化し，合格方法を伝える"ことを第一の目的としている。

そのため，「そんなことまで言えるの？」「そこまで言い切ってしまえるの？」と抵抗がある箇所が出てくる可能性があるが，試験対策とはそういうものである（これも断定的！）。

それでは，合格プロジェクトを始動しよう。

ちょっとした準備で難関と言われる試験に合格できるなら悪くない。

 ひとこと

巻末の筆者の経歴を確認したかもしれません。筆者は，情報処理技術者試験としては「システム監査技術者」と「システムアナリスト」（2009年に上級システムアドミニストレータと合体し，現在の「ITストラテジスト」になった）に合格していますが，プロジェクトマネージャ試験は受験していません（もちろん，合格もしていません）。

この本は，筆者がTAC情報処理技術者講座の仕事として，問題を作成する立場，答案を採点・添削する立場で得たことをもとに作成しています。よくある「自分が合格したから同じようにやれば合格する（はず）」というものではありません。ご安心ください。

Phase 01

合格できる答案とは

合格答案のレベルはそれほど高くはない

1. 正しいゴールイメージを知る

さて，いよいよ"合格プロジェクト"の始動である。最初にゴールイメージを確認しておく。

われわれはイメージの生き物である。何をするにしても，それについての"正しいイメージをもつ"ことが重要である。描いているイメージが不適切だと望む結果につながらない。描いたイメージがぼんやりしていたり，イメージそのものがなかったりすると，アクションを推進する力が出てこない。

試験対策において必要なイメージとは，

　・**確実に合格する答案のイメージ**
　・**確実に合格する答案を作成する手順のイメージ**

である。

あなたは情報処理技術者試験のプロジェクトマネージャ試験に関して，はっきりしたイメージをもっているだろうか？　おそらく午後Ⅱについてはそうではないだろう。はっきりとしたイメージが描けていれば，この本をここまで読み進めはしないと思う。

しかし，安心してほしい。この本を読めばプロジェクトマネージャ試験の午後Ⅱについての合格イメージがはっきりと描けるようになる。午後Ⅱに確実に合格するために必要なイメージは，次の2つである。

> ●合格レベルの答案のイメージ
> ●合格レベルの答案を作成する試験会場での作業イメージ

これから，この2つについて示していく。

前者の「合格レベルの答案のイメージ」については，まず，実際にどのような答案が多いのかを知ってもらった上で，具体的なかたちで示していく。

後者の「合格レベルの答案を作成する試験会場での作業イメージ」については，まずは"試験当日までに行う準備"と"試験当日の作業"の関連を説明する。その上で，午後Ⅱに関しては，試験会場での"答案の内容を考える創作活動"を極力減らすことが合格のポイントとなることを理解してもらう。

● どの程度の答案を作成すれば合格するのか？

あらためて，この試験の評価基準を確認しておこう。

評価ランク	内　　容
A	合格水準にある
B	合格水準まであと一歩である
C	内容が不十分である 問題文の趣旨から逸脱している
D	内容が著しく不十分である 問題文の趣旨から著しく逸脱している

　Aであれば合格，それ以外は不合格ということである。A（合格）答案の割合はほぼ毎年同じで，約4割。半数にも満たない。B（あと一歩）が2割弱で，これを加えると約6割。ようやく半数を超える。ただし，これは提出され採点された答案の数を分母とした場合である。午前I・IIあるいは午後Iが合格レベルに達しなかった受験者，午後IIの答案を提出しなかった受験者を分母に含めると，合格答案の割合は約2割となる。

● B，C，Dの答案には，具体的にどのような違いがあるのか？

　午後IIの問題は，設問ア，イ，ウの3つで構成されている。この構成は問題によらず同じである。作成する答案は，設問ア，イ，ウそれぞれに対応させるかたちで，3つのパートで構成する（答案用紙もそのようになっている）。

　長年添削を行ってきた筆者の経験から，B評価からD評価の答案の特徴を整理すると次のようになる。

　　　B評価・・・ア，イ，ウ1箇所か2カ所の記述を改善すれば合格レベルになる。
　　　C評価・・・ア，イ，ウ3つの箇所すべてを改善しないと合格レベルにならない。
　　　D評価・・・題材を取り替え，全体を書き直さない限り合格レベルにならない。

　A評価になるには，上記B～Dにあてはまらないような答案を作成すればよい。

これから，ダメな答案の具体的特徴を一つずつ確認していこう。

● **"答案"は，いつ，どこで完成するのか？**
試験の答案はいつ完成するのか？

答案は，採点者が読んだときに完成する。

どこで？

「採点者の頭の中で」である。要するにあなたが書いた（と思っている）ことではなく，採点者が読み取ったことが答案なのである。
　したがって，答案を作成するときは常に「採点者はどう読み取るだろうか？」という観点を忘れないようにしよう。

2. 多くの "ダメな答案" のパターン

筆者の経験からいうと，多くの答案（ダメな答案）は，少なくとも次のような特徴をひとつ以上もっている。

- ・章立てしていない，段落設定すらしていない
- ・内容は具体的だが，テーマや設問の要求からずれている
- ・問題文の内容を反映しているが，具体性に欠ける
- ・要求にそもそも応えていない
- ・単なる自慢話になっている

以上について，心当たりのある人もいるだろう。それぞれについて具体的に説明していく。

■ 章立てしていない，段落設定すらしていない

どうしてこのような答案を作成して提出するのか事情はよく分からないが，まず間違いなく，このような答案は不合格になる。「章立てにしても，段落設定にしても，単に形式面のことであるから，それだけで不合格になると断定するのは乱暴すぎるではないか！」と思う人もいるかもしれないが，そうではない。

確かに章立てや段落設定は形式的なことである。しかし，これは "試験の答案" である。採点結果によって合否が決まるものである。"採点していただくつもりで" とまでいうつもりはないが，"読みにくくないようにする" という意識は必要である。

つまり，**形式面で気を遣っていないということは，内容面でも要求に応じてまとめようという意識が低いことを表している。**実際，段落設定すらしていない（改行がなく，ずっとベタで書いてある）答案は，ほぼ例外なく "自分の書けることを書いた" ものになっている。当然，論述のテーマや設問の要求とはかけ離れた内容になっている。

章立てや段落設定を行う，決められた解答欄に書く，解答字数の指定を守るといった基本的なルールはかならず守るようにしよう。

■ 内容は具体的だが，テーマや設問の要求からずれている ─────────

　情報処理技術者試験の午後Ⅱの論述試験で困るのは，解答に具体性が要求される
点である。

　後で詳しく説明するが，**"具体"は"事実"ではない。**「具体的に述べよ」という
指示は，「あなたがプロジェクトマネージャとして担当したプロジェクトで，現実
に（実際に）起きたことを述べよ」ということを意味しているわけではない。しかし，
そのように解釈して論述してしまう人が多いようだ。

　実際，多くの受験者は自分が経験したプロジェクトを題材に選ぼうとする。しか
し，**論述のテーマにピッタリ合う経験をもっている人などほとんどいない。**その結
果，自分の経験したプロジェクトの内容を具体的に書けば書くほど，要求からずれ
た答案になる。

　あなたの実際の経験を書く必要はない。答案はテーマや設問の要求に合わせて作
成するものである。

■ 問題文の内容を反映しているだけで，具体性に欠ける ─────────

　これは前述の「内容は具体的だが，テーマや設問の要求からずれている」ものと
は真逆のタイプである。逆だからよいかというと，これも合格答案にはならない。
「問題文の内容を反映している」という点であるが，これはよいことであるし，合
格答案が満たすべき条件のひとつである。

　ただ，問題文に例示されているポイントをそっくりそのまま引用し，しかも，そ
の具体的な説明をほとんど書かないという答案は合格にはならない。書いた本人と
しては「問題文の内容をバッチリ反映したし，テーマへの適合度も上げた！」ことで，
高い評価を付けたくなるところだろう（実際添削していると，ここ数年，このタイ
プの答案が増えてきたように感じる）。しかし，採点者の印象はよくない。

　設問イ，ウでは「具体的に述べよ」と指示される場合がほとんどであるから，"具
体性に欠ける"論述は，"要求に応えていない答案"ということになり，評価は低
くなる。

　このタイプがどのようにまずいのか，具体的にイメージしにくいと思うので，例
を挙げて説明しよう。

令和5年度　秋期　情報処理技術者試験　プロジェクトマネージャ試験　午後Ⅱ　問1

問1　プロジェクトマネジメント計画の修整（テーラリング）について

　システム開発プロジェクトでは，プロジェクトの目標を達成するために，時間，コスト，品質以外に，リスク，スコープ，ステークホルダ，プロジェクトチーム，コミュニケーションなどもプロジェクトマネジメントの対象として重要である。プロジェクトマネジメント計画を作成するに当たっては，これらの対象に関するマネジメントの方法としてマネジメントの役割，責任，組織，プロセスなどを定義する必要がある。

　その際に，マネジメントの方法として定められた標準や過去に経験した事例を参照することは，プロジェクトマネジメント計画を作成する上で，効率が良くまた効果的である。しかし，個々のプロジェクトには，プロジェクトを取り巻く環境，スコープ定義の精度，ステークホルダの関与度や影響度，プロジェクトチームの成熟度やチームメンバーの構成，コミュニケーションの手段や頻度などに関して独自性がある。

　システム開発プロジェクトを適切にマネジメントするためには，参照したマネジメントの方法を，個々のプロジェクトの独自性を考慮して修整し，プロジェクトマネジメント計画を作成することが求められる。

　さらに，修整したマネジメントの方法の実行に際しては，修整の有効性をモニタリングし，その結果を評価して，必要に応じて対応する。

　あなたの経験と考えに基づいて，設問ア〜ウに従って論述せよ。

設問ア　あなたが携わったシステム開発プロジェクトの目標，その目標を達成するために，時間，コスト，品質以外に重要と考えたプロジェクトマネジメントの対象，及び重要と考えた理由について，800字以内で述べよ。

設問イ　設問アで述べたプロジェクトマネジメントの対象のうち，マネジメントの方法を修整したものは何か。修整が必要と判断した理由，及び修整した内容について，800字以上1,600字以内で具体的に述べよ。

> **設問ウ** 設問イで述べた修整したマネジメントの方法の実行に際して，修整の有効性をどのようにモニタリングしたか。モニタリングの結果とその評価，必要に応じて行った対応について，600字以上1,200字以内で具体的に述べよ。

さて，この問題の設問イの解答として，以下のように書いた場合，合格できるだろうか？

解答例

2	．	1	．	修	整	し	た	マ	ネ	ジ	メ	ン	ト	の	方	法			
	プ	ロ	ジ	ェ	ク	ト	マ	ネ	ジ	メ	ン	ト	計	画	の	作	成	に	あ	た	っ	て	は，
リ	ス	ク，	ス	コ	ー	プ，	ス	テ	ー	ク	ホ	ル	ダ，	プ	ロ	ジ	ェ	ク	ト	チ	ー
ム，	コ	ミ	ュ	ニ	ケ	ー	シ	ョ	ン	な	ど	の	プ	ロ	ジ	ェ	ク	ト	マ	ネ	ジ	メ	ン
ト	の	対	象	の	う	ち，	特	に	重	要	と	考	え	た	も	の	に	関	し，	マ	ネ	ジ
メ	ン	ト	の	方	法	を	定	義	す	る	必	要	が	あ	る。	具	体	的	に	は，		マ	ネ
ジ	メ	ン	ト	の	役	割，	責	任，	組	織，	プ	ロ	セ	ス	な	ど	で	あ	る。	

このタイプの答案のまずさが理解できただろうか。**この答案は，問題文に例示されている以上のことは何も記述していない**。設問で要求されている「具体的な記述」をいっさい含んでいないから，**結果としてこの答案はまったく要求に応えていない，合格レベルには達しない答案**ということになる。

誤解してほしくないので繰り返すが，問題文に示されているポイントを反映することは必要なことであるし，"よいこと"である。ただ，それだけで構成すると具体性のまったくない答案になってしまうということである。

合格するためには，答案に具体性をもたせることが必要である。

■ 要求にそもそも応えていない

　これまで指摘したことも含め，不合格になる答案に共通する要素は "要求に応えていない" とくくることもできるわけだが，ここでは "内容として要求に応えていない答案が多い" ことを指摘しておきたい。

　圧倒的に多いのは，設問アで「プロジェクトの特徴を記述していない」答案である。「プロジェクトの特徴」よりも「プロジェクトの背景や経緯」のほうが書きやすいので，そればかり書いてしまったという答案が多い。

　おそらく「プロジェクトの特徴」という要求を「プロジェクトのこと」とざっくり捉えているのか，「背景や経緯も特徴である」と考えているのか，いずれにしても「特徴」ということを要求の制約として捉えていないことに原因がある。

　しかも，ここで説明する特徴は，設問アの残りの部分はもちろん，答案全体の内容ともリンクする。言い方を変えると，**特徴をきちんと示すことができなかった時点で，アの要求を満たさないだけでなく，答案全体の評価を下げてしまう。**

　令和5年度の問2では "プロジェクトの特徴" ではなく，"プロジェクトの独自性" が要求されている。しかも問1の問題文において，この "プロジェクトの独自性" がどのような面で見られるのか，例示されている。従来の特徴にしろ，独自性にしろ，単なる背景や経緯ではないので，指示を外した内容にならないよう十分に注意したい。

　また，設問イとウにおいて制限字数の指示に従わない答案も少なくない。制限字数も要求である。当然これを守らないと評価が下がる。残念なパターンは，設問イは制限字数の上限近くまで書いてある一方で，設問ウは，制限字数に満たないばかりか，内容的にも途中で終わってしまっている，最悪の場合，最後の文が途中までとなってしまった，という答案である。これは，設問イの答案を書きすぎたせいで，設問ウを書く時間がなくなってしまったと思われるものである。

■ 単なる自慢話になっている

　形式や内容ということではなく，**"印象" としてよくないのが自慢話っぽい論述である。**午後Ⅱでは設問全体を通じて "プロジェクトマネージャであるあなた" に対してこたえを要求しているので，答案は "プロジェクトマネージャである私" の立場で書くことになる。プロジェクトマネージャはプロジェクト遂行の責任者であ

り，管理責任者である。

　しかし，すべてを"私が（ひとりで）決め""私が（ひとりで）実施"するわけではない。数人規模の小さなプロジェクトであればそういうこともあるだろう。しかし，プロジェクトマネージャ試験の午後Ⅱで想定されているのは，システム利用部門を含む，数十人から数百人のプロジェクトである。何かを決めるには，様々なステークホルダが存在する。**ベテランや有能な人であっても，何から何まで"私"ひとりで決定して実行できるわけがないし，妥当なことでもない。**

　ところが，設問アから設問ウまで一貫して"私は，……した""私が，……した"と，"私"がやったことのオンパレードの答案がある。これでは"現実味"が感じられなくなるばかりか，マイナスイメージが強くなる。

　"私"ではなく，"プロジェクトマネージャの私"の視点が必要である。

ひとこと

　令和4年度の"午後1"の問3において，チームビルディングを題材にして，「統制型のマネジメント」から「チームによる自律的なマネジメント」への転換をテーマとする出題がありました。この転換は企業経営におけるマネジメント・スタイル一般の潮流でもあります。よって，特別アジャイル型のプロジェクトでなくても，「統制型」「支配型」の内容はウケがよくない可能性があるので避けたほうが安全です。

　採点する立場から言うと，これまでも「私は・・・指示した」「私は・・・させた」ばかりの答案は，印象がよくありませんでした。答案内容としても，指示するだけなので具体性のアピールが不足することが多く，実際に評価も低くなります。

　従来型のプロジェクトであっても，リーダーシップは"サーバント（支援）型"が無難でしょう（具体例については，付録：ほぼそのまま使えるフレーズ集を確認してください）

■ Bランク，Cランクの答案の特徴

　"ダメな特徴"をできるだけ明確にイメージできるように，主な特徴をランク別に取り上げたので，確認しておこう。

　それぞれの特徴について，典型的な添削コメントも示してあるので，イメージしやすいはずである。

＜Bランクの答案の典型＞

▲具体性に欠ける

　設問イと設問ウの指示は「具体的に述べよ」であるから，内容に具体性が求められている。しかし，具体性がまったくアピールできていない解答は少なくない。

［具体例］

	私	は	，	リ	ス	ク	マ	ネ	ジ	メ	ン	ト	に	注	力	し	た	。	ま	ず	リ	ス	ク	を
洗	い	出	し	，	そ	の	後	，	分	析	・	評	価	を	行	い	，	優	先	度	を	設	定	し
た	。	そ	し	て	，	優	先	度	の	高	い	リ	ス	ク	に	つ	い	て	対	応	策	を	立	案
し	た	。	な	ぜ	な	ら	ば	，	リ	ス	ク	マ	ネ	ジ	メ	ン	ト	に	お	い	て	は	優	先
度	の	高	い	も	の	に	絞	っ	て	対	応	す	る	の	が	得	策	だ	か	ら	で	あ	る	。

［添削コメント例］

　　「具体的に」は設問で要求されています。具体性のアピールがポイントです。「例えば，・・・」と具体例を加えるとわかりやすくアピールできます。具体例の内容はフィクションでOKです。

▲一部要求を外している

　設問アでは，「プロジェクトの概要・特徴」が要求されるが，プロジェクトの背景・経緯の説明に終始してしまう解答が少なくない。

[具体例]

> 私が開発に携わったのは，当社の新規営業支援系システム開発プロジェクトである。当社は金融機関の子会社であり親会社の情報システムの開発・導入・保守・運用をメインで行なっている。今回のプロジェクトは，親会社の経営環境変化に伴う営業力強化の一環として行われたものである。背景としては，経営戦略の一つとして，中小企業向けの営業強化が打ち出されていたことがあった。従来のシステムは，……

[添削コメント例]　設問ア

設問要求は「プロジェクトの特徴」です。「本プロジェクトの特徴は，・・・」と要求を主語にした文でわかりやすく説明しましょう。

設問ウでは，設問イにおいて記述した実施策の「実施状況」や「結果」およびその「評価」が求められることが多いが，感想のような解答が少なくない。

[具体例]

> 設問イで述べた今回私が実施した策は，経営陣および関係部門の協力もあり計画通りに効果を発揮した。これだけ難易度が高いプロジェクトが期限通りに完了できたことは，プロジェクトマネージャーとして大変満足している。特にシステム化として優先度が低い機能を対象外として，開発費用も期間も抑えたことは，経営陣から高く評価された。

[添削コメント例]　設問ウ

設問イで行ったことの結果を定量的に示し，それをもとにした"PMの私"としての評価を具体的に記述しましょう。

＜Ｃランクの答案の典型＞

▲**全体にわたって要求を外している**・・・程度がひどいとＤランク

　要求されたことではなく，「自分が書けること」で答案を作成した場合に多くみられる。例えば，「リスクマネジメントの一連の説明（リスクの説明，分析・評価・対応策，対応策の評価）」に関する要求に対して，プロジェクトで生じた問題点，対応策とその評価を記述するような場合である。

［添削コメント例］

　　設問要求に合わせた構成・内容にしてください。要求を外した内容はいくら書いても評価されません。もったいないです。

▲**題材内容がテーマに合っていない**・・・程度がひどいとＤランク

　こちらも，要求されたことではなく，「自分が書けること」で答案を作成した場合に多く見られる。例えば，「未経験の技術やサービスを利用した情報システム開発」がテーマの問題を選択したにもかかわらず，準備していた題材が未経験の技術やサービスの利用がないプロジェクトだったので，書けること（準備していたもの）で解答を作成してしまったというような場合である。

［添削コメント］

　　題材・内容が本問のテーマに合っていません。答案内容は事実である必要はありません。問題文の内容を反映し，設問要求に合った内容を"創作する"つもりで作成しましょう。

▲**答案が未完成**・・・程度がひどいとＤランク

　設問としては，ア・イ・ウの３つに分かれているが，論述の解答（答案）であるから，設問アからウまでで一つの解答である。よって，設問イまでの品質がどれほど高くても，設問ウの解答が完結していなければ，合格レベルになることはない。

［添削コメント］

　　まず設問要求に基づき，章・節の設定を行い，時間内に設問ウまで書き切ることが大前提です。

　以上がプロジェクトマネージャ試験の午後Ⅱにおいて，多くの答案が抱えている問題の特徴である。合格するには，これらのエラーを避ければよい。

3. "ダメな特徴" を回避すれば合格できる

　実際，多くの答案は**形式や内容といった面で読みにくいか，要求に十分に応えて
いないか，あるいはその両方**である。"多くの答案" ということは，これらの特徴
が当てはまらないような答案は "数少ない答案＝貴重な答案" になるということで
ある。端的にいえば，そのような答案を書けば合格する。これは間違いない。

　つまり，ここまでの内容を整理すると **"合格答案のレベルは高くはない"** という
ことである。この点をしっかり分かっておいてもらいたい。

　そして，目指す合格答案のイメージは，次の2つに集約される。

> ● 形式面：設問の要求に合わせて章立てし，段落設定も行う
> ● 内容面：テーマや設問の要求に明確に応える

　形式面はともかく，内容面の「テーマや設問の要求に明確に応える」ための具体
的な要件は何か，その作り方はどうするのか……，と興味がわいてきただろうか。
これらについては後でたっぷり説明する。

　その前に，もうひとつ，疑問に思うことはないだろうか。**どうして多くの受験者は，
パッとしない答案しか書けないのか？**　この疑問にも答えておこう。

４．どうして多くの受験者は
パッとしない答案しか書けないのか

多くの受験者の答案を添削する作業を通じて得た経験から考察すると，“どうして多くの受験者はパッとしない論述しかできないのか” という疑問へのこたえは以下の３つに集約される。

パッとしない論述しかできない原因
原因①：忙しいという理由で試験対策をほとんどしない
原因②：午後Ⅱに対するイメージが誤っている
原因③：試験会場での対応力に依存しすぎている

それぞれの原因について，具体的に説明しよう。

■ 原因①：忙しいという理由で試験対策をほとんどしない

● なぜ「忙しい」と言ってしまうのか

あなたがもし現役バリバリのプロジェクトマネージャであれば，間違いなく忙しいだろう。そうでなくてもシステム関連のプロジェクトに関与している人たちは相当忙しい場合が多い。しかし，原因は忙しさそのものにあるのではない。

“時間がなくて試験対策ができないから” ではないのだ。原因は “忙しいということを理由にして，試験対策をしない” からだ。この２つは明らかに違う。

どんなに忙しくても，ゴルフが大好きな人は行くだろうし，同じ試験でも念願の長期海外出張のために必要なTOEIC®のスコアアップや会社内部の昇格試験であれば必要な試験対策をするであろう。残念ながら，情報処理技術者試験にそこまでの重要性を感じている受験者は少ないというのが実感である。

また，プロジェクトマネージャ試験は難関試験に位置づけられている。“難関” とは “合格するのが難しい” という意味であるが，情報処理技術者試験の場合，試験問題の出題内容やレベルではなく，結果として合格基準を満たす合格者の割合が低い。つまり，合格率が低いことから “難関” と呼ばれているのだ。

まず，まともに試験対策を行っていないから，**試験に申し込みはしても試験会場に行かない人たちが約４割存在する**。受験率はこれまで一貫して６割程度である。

合格率は15%程度である。しかもこの合格率の分母はあくまで受験者（実際に受験した人たち）である。申し込んだが，試験会場には行かなかった人たちは含まれていない。つまり，**応募者に占める合格者の割合は極端に低い**といえる。また，これだけ受験率が低い試験であるから，受験はするものの十分な準備はしていない人たちも相当数存在すると考えられる。

　これはあるレベル以上の試験であれば共通することであるが，試験対策なしでは合格できない。では，どうして試験対策を行わない受験者が多いのか。それは，試験に対して次のようなネガティブなイメージがあるからだ。

　　　・**苦労して合格したとして，どれほどのメリットがあるのか分からない**
　　　・**勉強しても合格できない**

　このようなイメージをもつと，合格に対するモチベーションが低下し，やる気がなくなってしまう。こうなると，仮に会社側が試験対策用の教材を提供して受験料も支払ってくれたとしても，「仕事が忙しい」というもっともらしい理由をつけて試験対策をサボるようになる。

●「忙しい」という逃げ道

　また，もし自分が"勉強したのに合格できなかった"となると，「自分はダメなヤツだったんだ」と心に傷を負って惨めな思いをし，大きなダメージとなる。これを回避しようとすれば，"勉強したのに"という事実が発生しないように，あらかじめ"勉強しない"という逃げ道を作ればよい。つまり"勉強していないのだから合格しない＝仕事が忙しくなくてそれなりに準備すれば自分は合格する"というふうに自分を納得させようとするのだ。こういった背景から「忙しい」という理由は生まれる。

　さらに，"勉強したのに合格できなかった"ということを避けるためには，もうひとつの手段がある。それは"合格できなかった"という事実が発生しないよう，「忙しかったから」と理由をつけて試験を受けなければよい。そして"勉強したのに"と"合格できなかった"の両方を回避したければ"試験に向けて何の準備もしないし，受験もしない"という逃げ道がある。実際，このような方針を採用する人たちは少なくないし，プロジェクトマネージャ試験の受験率は高くない。

●合格へのシナリオはひとつ！

　試験は合格と不合格という２種類の結果しかない。これは“受けた場合の結果”が２種類しかないということである。しかし，その裏側から見た“試験に対するシナリオ”は，実はたくさんある。例えば次のように分類できる。

試験に対するシナリオ

シナリオ①：試験対策を行って合格する
シナリオ②：試験対策を行ったが不合格になる
シナリオ③：試験対策を行わなかったが合格する
シナリオ④：試験対策を行わなかったので不合格になる
シナリオ⑤：試験対策を行ったが受験はしなかった
シナリオ⑥：試験対策を行わなかったし受験もしなかった

　プロジェクトマネージャ試験は，試験対策なくして合格するような安易な試験ではないから，**シナリオ③**はない。合格するためには実質，**シナリオ①**しかないのだが，周囲に“シナリオ③に見せかける”というやり方はあるだろう。これを**シナリオ③′**としよう。筆者自身，これをやったことがある。「忙しくてほとんど何の試験対策もしなかったし，試験前日も徹夜の仕事でそのまま試験会場に行ったけど，合格した」というような話をときどき耳にすることがあるが，真に受けてはいけない。それは**シナリオ③′**の典型である。

　前述の“勉強したのに合格できなかった”という大きなダメージを受けるパターンは**シナリオ②**である。それを回避するのが**シナリオ④〜⑥**だ。

　ここで，あなたにとってすでに“試験対策を行わなかった”という逃げ道はない。この本は“プロジェクトマネージャ試験の対策本”である。ここまで読んだ以上，“試験対策は何もしなかった”とは言い切れない状況になっている。

　残されたシナリオは①，②，⑤の３つである。**シナリオ①**を選択するのか，**シナリオ②**を回避するために「忙しい」と理由をつけて**シナリオ⑤**を選択するのか，それとも**シナリオ②**を選択してダメージを負うのか，それはあなた次第だ。ただし，今が忙しいことを理由に何かをすることをあきらめたり逃げたりすると，間違いなく次もそうなる。これを読んでいるあなたの来年は，順調であれば今年よりもっと忙しいものになるはずである。

●**選択肢はひとつだ！**

「忙しい」と理由をつけて逃げることをやめるなら，今しかない。こうなったら，もう合格するしか道はない。Kick-off Meetingのところでも述べたように，合格を"絶対"の目標としよう。あなたにとってプロジェクトマネージャ試験に合格することが"絶対"であるならば，なりふりかまわず試験対策を行い，結果が出るまでやるだろう。合格すれば自分自身の能力に対する自信が増すし，自信がつくから「さて，この次は何をしようかな」と今よりさらに積極的なあなたになれるだろう。そして何より"合格"という結果が手に入る。つまり，恐れている**シナリオ②**とはまったく逆の状況になる。最悪のシナリオではなく，成功のシナリオを想像すれば絶対に合格したくなってくるはずだ。

　合格する手段は**シナリオ①**しかない。もちろん**シナリオ③′**でもかまわないが，ここまで来たからには，**シナリオ①**を選ぼう！

　たった今から，"やるかやらないか"の判断基準を"失敗したときのダメージの大きさ"にするのはやめ，あなたにとって"意義のあることか否か"で決めよう。

やるからには
自信を失くすことを気にするシナリオではなく
自信を増大し高めるシナリオを選択しよう！
➡
**試験はまったく無視するか
受験して合格するかのどちらかでいこう！**

■ **原因②：午後Ⅱに対するイメージが誤っている** ──────

●**事実にこだわるな！**

　筆者がこれまで答案を添削してきた中で，もっとも多く書いたコメントは次のひと言である。

> ## 答案の内容は事実である必要はありません。

　このコメントは"**答案の内容は実体験に基づくものでなければいけないという思い込み**"を取り除いてもらうためのものである。この思い込みがあると，現象として次のような2つのタイプの答案ができあがる。

　ひとつは，ボリュームが極端に少ないか，あるいは具体性に欠ける内容の答案である。もうひとつは，具体性のある内容であり，よく書けているものの，問題の要求に合っていない答案である。

　前者は，論述のテーマと要求に合ったプロジェクトの体験や経験がないため，具体的な内容が書けず，結果的に一般的なことを羅列するか，ボリューム不足で終わるパターンである。後者は，テーマや要求にできるだけ近いプロジェクトについて書けることを書いたが，結果として問題の要求に合わないことを書いてしまうというパターンである。

　残念ながらどちらも合格にはならない。そしてどちらも"自分が実際に体験・経験したプロジェクトに基づく論述をしなければいけない"という制約を前提にしていることが原因となっている。

> ## 答案は"フィクション"
> ⬇
> ## テーマ・設問要求に合わせて"創作する"もの

●「あなたが携わった」の意味

　以下のテーマと設問アは，実際の試験問題のものである。その内容を確認してもらいたい。

問1　システム開発プロジェクトにおける信頼関係の構築・維持について
設問ア　あなたが携わったシステム開発プロジェクトにおけるプロジェク
　　　　トの特徴，信頼関係を構築したステークホルダ，及びステークホル
　　　　ダとの信頼関係の構築が重要と考えた理由について，800字以内で
　　　　述べよ。

問2　システム開発プロジェクトにおける品質管理について
設問ア　あなたが携わったシステム開発プロジェクトの特徴，品質面の要
　　　　求事項，及び品質管理計画を策定する上でプロジェクトの特徴に応
　　　　じて考慮した点について，800字以内で述べよ。

　これを見てわかるように，2つの問はともに「あなたが携わったプロジェクト」
に関して論述することを要求している。しかし，少し考えれば簡単に分かることで
あるが，**採点者は受験者とその受験者が書いた答案の内容について関連があるかど
うかを正確に知り得る立場にないし，そういった情報もない。**また，いちいちその
事実関係を調べるなどということはない。したがって，実際にあなたが携わったプ
ロジェクトに関する内容である必要はない。この設問の要求を言い換えると次のよ
うになる。

抽象的な内容ではなく，具体的な内容を書くように！

　これだけである。“プロジェクトマネージャの私”として“特定のプロジェクト
についての具体的な内容”を書くわけであるから，この両者は結び付いている必要
がある。したがって，答案の中の“プロジェクトマネージャの私”が，あたかも実
際に担当したかのような雰囲気が伝わる内容を書くということになる。
　要するに**“実際の私”と“答案の中の私”は同じである必要はない。あなたが答
案の中で“プロジェクトマネージャの私”を作り上げればよい。**その方針で対応す
ることで，“一般的なことを羅列した答案”や“ボリューム不足の答案”“自分が書

けることを書いただけの答案"になることを防ぎやすくなる。

答案は書けることを書くのではなく，
要求に合わせて書く！

**答案の内容は，事実である必要はないし，
実際にあなたが経験したものである必要もない。
"答案の中の私"が担当したかのように
具体的に書く！**

　論述は答案である。こたえを書いたものである。要求は事実ではなく具体性である。抽象的でなければよい。フィクションでよい。事実にこだわって要求をはずすのは得策ではない。「**フィクションが過ぎるものが多い**」「**現実離れしたものが多い**」「**実際に担当したかどうかが疑わしいものが多い**」という講評はこれまで一度もない。

　注意点をもうひとつ。

　設問ア〜ウを通じて，題材としては「すでに完了したプロジェクト」を想定したものになっている。したがって，まだ完了していない（継続中の）題材を取り上げると，その時点でテーマ，要求からズレが生じる。答案はフィクションでよいのであるから，**実際は継続中のものあっても，完了したものとして記述**しよう。

■ 原因③：試験会場での対応力に依存しすぎている

● トレーニング形式のアプローチは危険

　Kick-off Meetingのところで「午前は"ITの知識の整備"，午後Ⅰは"問題のつくりを理解すること"，午後Ⅱは"モジュールの準備"がポイント」と書いた。"答案に書く内容そのものの準備"が合格のポイントとなるということについては，すでに簡単にではあるが説明した。

　しかしながら，午前は"知識"，午後は"対応力"ととらえている人たちが少なからずいる。このとらえ方をすると，"午後Ⅱは論述試験だから，論述のスキルに磨きをかける"というトレーニングを試験対策に組み込んでしまう。

　もちろん，十分にトレーニングを積めば合格できる。ただ，これまで説明してき

たように一般にプロジェクトマネージャ試験の受験者は仕事が忙しい。そのため，試験対策に使える時間は多くない。しかも，当然，午前，午後Ⅰの対策も必要となる。そのため，午後Ⅱの試験対策に使える時間はごくごく限られている。

このような状況下で，**午後Ⅱについても対応力アップのトレーニング形式の試験対策**（例えば何度も何度もいろいろなケースの問題の答案を実際に書いて仕上げるなど）**をしようと計画した場合，午後Ⅱの試験対策は不十分なまま終わる**。あるいは，午前を含めたプロジェクトマネージャ試験全体の試験対策がどれも中途半端になってしまい，いまひとつな結果になってしまう可能性が高くなる。

●対応力に依存しない事前の準備が大切

試験結果は，"試験までの対策"と"試験会場での対応"の２つの要素に影響を受ける。したがって，試験会場での対応力への依存度を下げるということは，試験前の準備への依存度を上げるということを意味する。ただし，これは事前の試験対策の量を増やすということではない。**対応力という力（技能，スキル）に磨きをかけるというトレーニング形式のアプローチが，十分に時間のない状況ではうまくいかない**ことはすでに説明した。

そこで"試験会場で対応力に依存しない状態＝対応力をあまり使わなくてもいい状態"と置き換えてみる。そうすると試験対策は，あらかじめ答案の内容を準備しておくということになる。

ただし，答案全体ということではない。試験では，２つの問題から解答しやすい問題を選択できるものの，どのようなテーマと要求の問題が出題されるかは事前に特定することはできない。それを踏まえて何種類かの異なるテーマに対応した複数の答案（設問アから設問ウまで含む）を準備しても，それがそのままそっくり使えるケースはほとんどない。使える確率を上げようとすると事前に準備する答案の種類を増やすということになるが，それは現実的に困難である。

それでは，何を準備しておくのか？　**合格レベルの答案に求められる具体的な内容を要素ごとに分解して"モジュール"として用意する**。試験当日は準備したモジュールを組み合わせたり，問題の内容に合わせて調整を加えたりしながら，答案を組み立てる作業に徹することにする。モジュールは様々なテーマに対応できる，汎用性の高いものである必要があるが，具体的なモジュールの種類とそれぞれの内容については，この後で説明する。

ここでわかっておいてほしいことは，午後Ⅱは，事前に論述に使える汎用性の高

いモジュールを準備しておくことにより，試験当日はそれらをもっとも当てはめやすいテーマ（問題）を選択し，要求に合わせてモジュールを選択して答案を組み立てるというアプローチが効果的である，ということである。

午後Ⅱの試験対策のポイントは，汎用性の高い
"モジュール" を事前に準備しておくことである

Phase 02

合格のための準備

答案の内容を "モジュール化" しよう

1. 出題テーマのパターンを知っておこう

いよいよ，ここから準備作業に入る。Phase01でも述べたが，合格レベルの答案を書くためには，試験会場での対応力への依存度を下げることが重要である。これは試験前の準備への依存度を上げるということであり，"準備"とは合格レベルの答案に求められる具体的な内容を要素ごとに分解した"モジュール"を用意し，使い方を身につけておくことである。

なお，用意するモジュールは，できるだけ汎用性が高いものにしておこう。そうすることにより，用意するモジュールを少なくできる。また試験会場での作業は，出題されたテーマと要求に合わせてモジュールを調整する程度に済ませたい。ここでいう調整とは，問題文中に明示されているポイントの取り込みや，モジュールとのつなぎ目となる部分の作成，モジュールの脚色といったことである。

■ 午後Ⅱの出題テーマと要求内容

さて，汎用性の高いモジュールとは何か。それは，これまでに出題されたテーマと要求されていることを分析すれば見えてくる。それぞれに共通する要素を抽出し，それに基づいて用意すべきモジュールを選定していけばよい。

この本は詳細に問題を分析することを目的としたものではないので，あくまで適切な（無駄なく漏れがない）モジュールを用意するために必要なレベルで，テーマと要求を分析していく。

次の表は，令和3年度〜令和5年度の午後Ⅱの出題テーマと設問アの要求内容をまとめたものである。

答案の内容を“モジュール化”しよう

午後Ⅱの出題テーマと設問アの要求内容

年度	問題	テーマ	設問アの要求1	設問アの要求2
R5	問1	計画の修整 テーラリング	プロジェクトの目標	重要と考えたマネジメント対象 重要と考えた理由
	問2	プロジェクト終結時の評価	プロジェクトの独自性	未達成となった目標 未達成となった経緯，ステークホルダへの影響
R4	問1	事業環境の変化への対応	プロジェクトの概要と目的	事業環境の変化 計画変更の要求内容
	問2	ステークホルダとのコミュニケーション	プロジェクトの概要と目標	主要ステークホルダが目標達成に与える影響
R3	問1	チーム内の対立の解消	プロジェクトの特徴	行動の基本原則 対立の兆候
	問2	スケジュール管理	プロジェクトの特徴と目標	スケジュール管理の概要

　テーマとしては，どのようなプロジェクトであっても論述可能な一般的なものになっている。**設問アの要求がプロジェクトの概要ではなく特徴・独自性**であった場合、何を特徴・独自性とするかは，論述のテーマ・設問アのもうひとつの要求（要求2）および設問イ，ウの内容との関係から決める。つまり，事前にある程度用意していたとしても，最終的な決定は現場で行うということである。

■ 汎用性の高い，一般的な事例に焦点を当てる

　それでは，どのような観点から用意するモジュールとその内容を選択すればよい
のか。この点について説明しよう。

　直近の令和5年度では，問1が「プロジェクトマネジメント計画の修整」があっ
たプロジェクト，問2は「目標の一部が未達成」に終わったプロジェクトが対象で
あった。ここ数年と同様，2問とも，特別な制約がないものであった。多くのプロ
ジェクトにおいて，計画修整はあるし，一部の目標未達も珍しくない。しかし，**「自
分が経験したプロジェクトの中から題材を選び事実に基づいて論述する」方針を採
用した場合，論述できなくなってしまうリスクがある**。よって，あらかじめ準備し
ておく題材は汎用性の高い一般的なものにして，試験場での"内容調整"で対応す
るようにしたい。

　午後2は，論述形式であるが，作成するのはあくまで「試験の答案」である。設
定されたテーマ，設問要求に合わせた構成・内容になっていなければ合格答案には
ならない。よって，問題文と設問内容を確認してから構成・内容を組み立てること
が大前提となる。

　一方で制限時間内に一定量の文章を書き上げることも要求されているから，試験
場で一から内容を考え，書き上げるのは困難である。

 ひとこと

　アジャイル型のプロジェクトに限定したテーマは出題されるのか？「アジャイ
ル型のプロジェクト経験がない」場合，受験者として気になりますね。結論から
いえば，"気にする必要はない"です。

　見方を変えてみましょう。出題者は何を気にするか？　出題者が気にするのは
アジャイル型のプロジェクト経験がない受験者ではなく，"アジャイル型しか経
験のない受験者"です。このような人たちがどれくらい存在するのかわかりませ
んが，彼ら／彼女らが受験した際，アジャイル型では論述可能な問題が一つもな
いということは絶対に避けなければなりません。よって「従来型でもアジャイル
型でも論述可能なテーマ」を設定する。令和4年度，5年度ともに，2問ともそ
ういう設定でした。

２．モジュールの用意
まずは「プロジェクトの概要」から

　それでは，設問アの要求にかならずある「プロジェクトの概要」の部分に該当するモジュールを用意してみよう。

　プロジェクトの概要の要素としては，

　　①プロジェクト名

　　②体制（組織やメンバ構成）

　　③期間

　　④規模

が挙げられる。これらについて，それぞれを簡潔にまとめたものがモジュールとなる。ここで挙げたモジュールは，どのようなテーマにおいても調整なく使用可能である。さらに，

　　⑤背景・経緯

　　⑥目標

　　⑦特徴・独自性

についても用意しておきたい。これらについては，問題文や設問要求の内容によって，その場（試験会場）で調整する。

　特徴・独自性の項目については，複数の内容を用意しておきたい。観点としては，令和５年度問１の問題文に例示されていたので，それらを使うのが得策である。

＜特徴・独自性の観点と具体的な内容例＞

取り巻く環境面の特徴・独自性の例

　例）これまでにない競争環境の激化

スコープ定義の精度面の特徴・独自性の例

　例）開始時点で明確化できない（精度を高められない）

ステークホルダの関与度や影響度面での特徴・独自性

　例）経営に強い影響力を持つ営業部門が関与

プロジェクトチームの成熟度やチームメンバーの構成面での特徴・独自性

　例）経験（知識やスキル）が不十分なメンバーが多い（あるいはその逆）

コミュニケーションの手段や頻度面での特徴・独自性

　例）基本的にすべてリモートでの開発

上記以外に，

期間面の特徴・独自性

・通常より短期間（開始が遅れる）

・長期間

規模面での特徴・独自性

・大規模（複数ベンダー，社内すべての業務部門，全業務対象など）

その他の特徴・独自性

・新技術の利用

・クラウド，パッケージ等を利用

・制約がきつい（費用，システム要件，移行タイミングなど）

といったものもあるが，問題文に例示された以上，例示された項目は準備しておき
たい。

「プロジェクトの概要」について用意すべきモジュール

①プロジェクト名：

②体制：

③期間：

④規模：

⑤背景・経緯：

⑥目標：

⑦特徴・独自性：

なお，「④規模」については体制と期間でおおよそ伝わるので，体制をある程度
具体的に準備するのであれば，省略してもかまわない。**もちろん，これらの内容は
事実である必要はない。**

「プロジェクトの概要」については，例えば次のようなモジュールを用意しておけ
ばよい。

ひとつ目は自社のシステム開発，ふたつ目は客先のシステム開発の題材の例であ
る。

プロジェクト概要モジュール例（1）

①**プロジェクト名**：営業支援システム開発プロジェクト

②**体制**：PMは"私"（情報システム部）

プロジェクトオフィス３名（営業部２名，情報システム部１名）

プロジェクトチーム９名（営業部３名，情報システム部４名，

ベンダー２名）

③**期間**：６ヶ月

⑤**背景**：競争環境の激化

⑥**目標**：営業力格差の縮小（若手の戦力化）

⑦**特徴・独自性**：

・経営に極めて強い影響力を持つ営業部門がステークホルダ（ステークホルダの影響度・関与度面）

・開始時点で明確化できない（スコープ定義の精度面）

・これまでにない競争環境の激化（取り巻く環境面）

★試験場で問題の設定に合わせて選択する。

プロジェクト概要モジュール例（2）

①**プロジェクト名**：客先Ｋ社の基幹業務システム再構築プロジェクト

②**体制**：Ｋ社経営企画室５名，Ｋ社情報システム部20名，弊社（開発部門）20名，さらにＫ社業務部門（ユーザ部門）
プロジェクトオフィス（PMの私を含む）

③**期間**：９ヶ月

⑤**背景**：
　・経営戦略の変更

⑥**目標**：
　・経営の意思決定スピードを上げる

⑦**特徴・独自性**：
　・全業務部門がステークホルダ（ステークホルダの影響度・関与度面）
　・開始時点で明確化できない（スコープ定義の精度面）
　・経験（知識やスキル）が不十分なメンバーが多い（チームメンバーの構成面）
　★試験場で問題の設定に合わせて選択する。

Phase 02　合格のための準備

答案の内容を"モジュール化"しよう

3．モジュールを使った例
実際の問題に適用してみる

前述のモジュールを実際の問題（令和5年度の問1）に適用してみる。

過去問

令和5年度　秋期　情報処理技術者試験　プロジェクトマネージャ試験　午後Ⅱ　問1

問1　プロジェクトマネジメント計画の修整（テーラリング）について

　システム開発プロジェクトでは，プロジェクトの目標を達成するために，時間，コスト，品質以外に，リスク，スコープ，ステークホルダ，プロジェクトチーム，コミュニケーションなどもプロジェクトマネジメントの対象として重要である。プロジェクトマネジメント計画を作成するに当たっては，これらの対象に関するマネジメントの方法としてマネジメントの役割，責任，組織，プロセスなどを定義する必要がある。

　その際に，マネジメントの方法として定められた標準や過去に経験した事例を参照することは，プロジェクトマネジメント計画を作成する上で，効率が良くまた効果的である。しかし，個々のプロジェクトには，プロジェクトを取り巻く環境，スコープ定義の精度，ステークホルダの関与度や影響度，プロジェクトチームの成熟度やチームメンバーの構成，コミュニケーションの手段や頻度などに関して独自性がある。

　システム開発プロジェクトを適切にマネジメントするためには，参照したマネジメントの方法を，個々のプロジェクトの独自性を考慮して修整し，プロジェクトマネジメント計画を作成することが求められる。

　さらに，修整したマネジメントの方法の実行に際しては，修整の有効性をモニタリングし，その結果を評価して，必要に応じて対応する。

　あなたの経験と考えに基づいて，設問ア〜ウに従って論述せよ。

設問ア　あなたが携わったシステム開発プロジェクトの目標，その目標を達成するために，時間，コスト，品質以外に重要と考えたプロジェクトマネジメントの対象，及び重要と考えた理由について，800字

以内で述べよ。
設問イ　設問アで述べたプロジェクトマネジメントの対象のうち，マネジ
メントの方法を修整したものは何か。修整が必要と判断した理由，
及び修整した内容について，800字以上1,600字以内で具体的に述べ
よ。
設問ウ　設問イで述べた修整したマネジメントの方法の実行に際して，修
整の有効性をどのようにモニタリングしたか。モニタリングの結果
とその評価，必要に応じて行った対応について，600字以上1,200字
以内で具体的に述べよ。

　試験問題の内容を踏まえ，あらかじめ用意したプロジェクト概要モジュールを調
整する。具体的には，問題のテーマ，設問要求（設問ア，設問イ，設問ウの要求），
問題文の内容を考慮する。

"プロジェクト概要モジュール"の
適用にあたって考慮すること

□問題のテーマ
□設問要求（設問ア～ウ）の内容
□問題文の内容

具体的に確認してみよう。

□問題のテーマ
　テーマはプロジェクトマネジメント計画の修整であり，モジュールのカスタマイ
ズで対応可能である。

□設問要求（設問ア～設問ウ）と問題文の内容
　設問アでは，プロジェクトの「目標」の他に時間，コスト，品質以外に重要な対
象を要求している。具体的な候補は「リスク，スコープ，ステークホルダ，プロ
ジェクトチーム，コミュニケーション」が問題文に示されているので，この中か
ら「ステークホルダ」を選択する。「重要と考えた理由」を本プロジェクトの独

自性と関連させるため，独自性も「ステークホルダ」とする。

設問イでは，「修整したマネジメントの方法」と「修整が必要と判断した理由」及び「修整した内容」を要求している。"修整"であるから，まず前提となるマネジメントの方法を示す。問題文には「定められた標準や過去に経験した事例」が示されているので，「過去に経験した事例」を使用する。修整は「マネジメントの役割，責任」が絡む設定にする。「理由」は設問アで示した「ステークホルダの独自性」，「修整内容」は，①営業部長もPMにした情報システム部との共同プロジェクトとすること，②営業部が責任部門となり，情報システム部はあくまでサポートするという位置づけで運営すること，という設定にする。

設問ウでは，「修整の有効性のモニタリング（方法）」と「モニタリング結果」及び「必要に応じて行った対応」が要求されている。モニタリングはプロジェクトオフィスメンバおよびメンバーによる毎朝のブリーフィングで，営業部員の出席状況，発言内容，態度等を観察・記録した設定とし，「必要に応じて行った対応」は，ベンダーに依頼して彼らが実際にSFAを使用する場面を営業メンバーに見せる機会を増やすことで，理解と深めるととも期待度を高めたこととする。

　以上の検討内容をもとに，プロジェクト概要モジュールは次のように調整して利用する。

＜プロジェクト概要モジュールの調整＞ モジュール例（1）を使用
・プロジェクトの独自性は，「ステークホルダの関与度や影響度面」の "経営に極めて強い影響力を持つ営業部門が関与" にする。
・プロジェクトの概要として，パッケージを利用した営業支援システム（SFA）の導入にする。
・要求が「目標」に焦点をあてているため，体制の説明は省く。

> ①**プロジェクト名**：営業支援システム開発プロジェクト
> 　　　★設問イの修整内容として"営業部門との共同プロジェクト"にする。
> ②**体制**：PMは営業部長と"私"（情報システム部課長）
> 　　　★設問イの修整内容としてPMに営業部長を加える
> ③**期間**：６ヶ月
> ⑤**背景**：競争環境の激化
> ⑥**目標**：営業力格差の縮小（若手の戦力化）
> ⑦**特徴・独自性**：経営に極めて強い影響力を持つ営業部門がステーク
> 　　　　　　　ホルダ

　モジュールの調整のイメージができただろうか？　調整といっても修正量が少ないことがわかるだろう。

　調整したモジュールを使って，実際に問1の「プロジェクトの概要」を作成した例を示す。モジュール内容と論述内容を比較して，自分が解答を作成するイメージをわかせておこう。

モジュールを使った例

1	.	プ	ロ	ジ	ェ	ク	ト	の	概	要														
1	.	1	.	プ	ロ	ジ	ェ	ク	ト	の	目	標												

　本プロジェクトの目標は，「ＳＦＡ活用による営業担当者間の営業力格差の縮小」である。これは，ＳＦＡの活用により経験が少ない営業担当者でも中堅担当者と同等な営業活動を可能にし，売上の向上と同時に営業担当者の流出防止を狙ったものである。
　背景としては，業界の競争環境の激化があった。そのため経営陣から早期実現を指示され，プロジェクト期間は６ヶ月，ＳＦＡのパーケージをベースにした開発である。

　以上が，"プロジェクト概要モジュール"の準備と実際の適用の流れである。大事なところなので，同じモジュールを使って別の問題（令和5年度の問2）に適用した例を示しておく。こちらもよく確認し，適用のイメージをしっかり持ってもらいたい。

過去問

令和5年度　秋期　情報処理技術者試験　プロジェクトマネージャ試験　午後Ⅱ　問2

問2　組織のプロジェクトマネジメント能力の向上につながるプロジェクト終結時の評価について

　プロジェクトチームには，プロジェクト目標を達成することが求められる。しかし，過去の経験や実績に基づく方法やプロセスに従ってマネジメントを実施しても，重要な目標の一部を達成できずにプロジェクトを終結すること（以下，目標未達成という）がある。このようなプロジェクトの終結時の評価の際には，今後のプロジェクトの教訓として役立てるために，プロジェクトチームとして目標未達成の原因を究明して再発防止策を立案する。

　目標未達成の原因を究明する場合，目標未達成を直接的に引き起こした原因（以下，直接原因という）の特定にとどまらず，プロジェクトの独自性を踏まえた因果関係の整理や段階的な分析などの方法によって根本原因を究明する必要がある。その際，プロジェクトチームのメンバーだけでなく，ステークホルダからも十分情報を得る。さらに客観的な立場で根本原因の究明に参加する第三者を加えたり，組織内外の事例を参照したりして，それらの知見を活用することも有効である。

　究明した根本原因を基にプロジェクトマネジメントの観点で再発防止策を立案する。再発防止策は，マネジメントプロセスを頻繁にしたりマネジメントの負荷を大幅に増加させたりしないような工夫をして，教訓として組織への定着を図り，組織のプロジェクトマネジメント能力の向上につなげることが重要である。

　あなたの経験と考えに基づいて，設問ア～ウに従って論述せよ。

設問ア　あなたが携わったシステム開発プロジェクトの独自性，未達成と
　　　　なった目標と目標未達成となった経緯，及び目標未達成がステーク
　　　　ホルダに与えた影響について，800字以内で述べよ。
設問イ　設問アで述べた目標未達成の直接原因の内容，根本原因を究明
　　　　するために行ったこと，及び根本原因の内容について，800字以上
　　　　1,600字以内で具体的に述べよ。
設問ウ　設問イで述べた根本原因を基にプロジェクトマネジメントの観点
　　　　で立案した再発防止策，及び再発防止策を組織に定着させるための
　　　　工夫について，600字以上1,200字以内で具体的に述べよ。

□問題のテーマ

　テーマはプロジェクト終結時の評価であり，モジュールのカスタマイズで対応可
能である。

□設問要求（設問ア～設問ウ）と問題文の内容

　設問アでは，プロジェクトの「独自性」の他に「未達成となった目標」「目標未
達成となった経緯」，そして目標未達成が「ステークホルダに与えた影響」が要
求されている。未達成になった目標は，新システムへの完全移行（現行プロセス
廃止）」とする。「経緯」は営業部門が消極的・非協力的であり，そのままプロジ
ェクトを進行させたため，最終段階で営業部門の同意が得られなかったという設
定にする。結果的に3ヶ月間2本立てのプロセスが稼働することになり，現場の
混乱とともに新システムの有効活用による営業力格差の縮小も遅れることとなっ
た，という内容にする。

　設問イでは，「目標未達成の直接原因の内容」と「根本原因を究明するために行っ
たこと」及び「根本原因の内容」が要求されている。「直接原因」は営業部長を
含めた営業部のプロジェクトへの消極的・非協力的な姿勢に対して有効な対策を
何も打たなかったこと。「根本原因」は，プロジェクト目標に業務的責任をもつ
営業部門が，プロジェクト責任部門になっていないこととする。システムを構築
し運用する情報システム部門（コスト部門なので力なし）が責任部門となり，こ
のねじれがプロジェクトチームとして機能することを妨げているという設定にす
る。

　設問ウでは，「再発防止策」とそれを「組織に定着させるための工夫」が要求さ

48

れている。工夫は今回のプロジェクトから早速適用したこととする。具体的には，営業部と情報システム部の共同プロジェクトとし，影響力が強い営業部を再発防止策の適用第1号とすることで組織に定着しやすくすることを狙ったこととする。

　以上の検討内容をもとに，プロジェクト概要モジュールは次のように調整して利用する。

＜プロジェクト概要モジュールの調整＞モジュール例（1）を使用
・プロジェクトの独自性は，「ステークホルダの関与度や影響度面」の“経営に強い影響力を持つ営業部門が関与”にする。
・プロジェクトの概要として，パッケージを利用した営業支援システム（SFA）の導入にする。
・要求が「独自性」に焦点をあてているため，体制の説明は省く。

---

①**プロジェクト名**：営業支援システム開発プロジェクト
　　　　　★設問ウの再発防止策として“営業部門との共同プロジェクト”にする。
②**体制**：PMは営業部長と“私”（情報システム部課長）
　　　　　★設問ウの再発防止策としてPMに営業部長を加える
③**期間**：6ヶ月
⑤**背景**：競争環境の激化
⑥**目標**：営業力格差の縮小（若手の戦力化）
⑦**特徴・独自性**：経営に極めて強い影響力を持つ営業部門がステークホルダ

　モジュールの調整は問1とほぼ同じである。**モジュールをひとつ用意しておけば，ちょっとした調整で様々なテーマに対応できる**ことが理解できただろう。また，以下のモジュールを実際に適用した例を読めば，用意したものをそのまま使ったところ，設定や要求に合わせて調整した箇所が明確にわかるだろう。

モジュールを使った例

1	.		プ	ロ	ジ	ェ	ク	ト	の	概	要

1. プロジェクトの概要
1.1. プロジェクトの独自性
　本プロジェクトは，SFA活用による営業担当者間の営業力格差の縮小を目標としたシステム開発である。これは，SFAの活用により経験が少ない営業担当者でも中堅担当者と同等な営業活動を可能にし，売上の向上と同時に営業担当者の流出防止を狙ったものである。
　背景としては，業界の競争環境の激化があった。そのため経営陣から早期実現を指示され，プロジェクト期間は6ヶ月，SFAのパーケージをベースにした開発である。
　本プロジェクトの独自性は，「経営における影響力が極めて大きい営業部門の関与度を高めないとプロジェクトの成功が期待できない」点にあった。本プロジェクトにおいて，営業部門は，目標を達成するために重要な「ステークホルダ」の筆頭であった。具体的には今回開発するシステムオーナーであり，業務に直接影響を受ける部門である。

●念のための補足
　すでに触れたがプロジェクトに関する記述は，「完了したもの」として記述すること。要求は「あなたが携わっている」ではなく，「あなたが携わった」プロジェクトであるし，完了したものでないと，設問イ，ウが記述できなくなる可能性がある。

Phase 03

合格答案の書き方

答案を上手く組み立てるには

1．形式と構成は重要！
要求に合わせた章・節立てを行う

■ 形式が整っていない答案は不合格になる

　答案は読みやすいもの（形式の整ったもの）でなければ，不合格となる。内容はもちろん重要であるが，形式も同じくらい重要である。整った形式であることは，答案が満たすべき基本的な条件であるが，すでに説明したように，実際はそれすらクリアしていない答案が多い。

　試しに次の例を見てもらいたい。

形式を無視した例

> 本プロジェクトの目標は，「ＳＦＡ活用による営業担当者間の営業力格差の縮小」である。これは，ＳＦＡの活用により経験が少ない営業担当者でも中堅担当者と同等な営業活動を可能にし，売上の向上と同時に営業担当者の流出防止を狙ったものである。背景としては，業界の競争環境の激化があった。そのため経営陣から早期実現を指示され，プロジェクト期間は6ヶ月，ＳＦＡのパーケージをベースにした開発である。

　この例は，内容としてはPhase02の例（p.46）で示した令和５年度の問１の解答例とほぼ同じである。違うところは，章立てもせず，段落設定すらしていない点である。

　この２つを読み比べてみてほしい。印象はどの程度違うだろうか？　読みやすさについてはどうだろう？

　章・節立てと段落設定がない——つまり，形式的に整っていないだけで，非常にわかりにくい印象になっていると思う。形式的なことがどれほど内容の理解や印象に大きく影響を与えるか，実感できたであろう。

章・節立てや段落設定を行うだけで
わかりやすい答案になる！

■ 構成も章・節立ても簡単！　設問ア～ウの要求をストレートに書くだけ

　形式の整った答案を書くためには，章・節立てをしなくてはならない。さらに，章・節立ては問題（設問ア～ウ）の要求にきっちり合わせたものにしなくてはならない。そうすることで，"各設問の要求に合った構成の答案"という印象が強くなる。

　本来，答案は形式で差別化するようなものではない。しかし，多くの答案は形式が整っていない上に要求にも応えていない。つまり，この２つを満たしただけで圧倒的に有利になり，合格しやすくなる。

　章・節立ての作業は難しくはない。むしろ簡単である。"**設問ア～ウの要求にストレートに合わせて書く**"だけである。ストレートに合わせるというのは，各設問の要求を"そのまま"章や節のタイトルに使うというイメージである。

　実際の問題（令和５年度の問１）を使って章・節立てしてみよう。

過 去 問

設問ア　あなたが携わったシステム開発プロジェクトの独自性，未達成となった目標と目標未達成となった経緯，及び目標未達成がステークホルダに与えた影響について，800字以内で述べよ。

設問イ　設問アで述べた目標未達成の直接原因の内容，根本原因を究明するために行ったこと，及び根本原因の内容について，800字以上1,600字以内で具体的に述べよ。

設問ウ　設問イで述べた根本原因を基にプロジェクトマネジメントの観点で立案した再発防止策，及び再発防止策を組織に定着させるための工夫について，600字以上1,200字以内で具体的に述べよ。

　設問ア～ウの要求をストレートに書き出すと，次のようになる。

各設問の要求のリスト

設問ア　・プロジェクトの目標

　　　　・その目標を達成するために重要と考えたプロジェクトマネ
　　　　　ジメントの対象

　　　　・上記対象を重要と考えた理由

設問イ　・修整したマネジメントの方法

　　　　・修整が必要と判断した理由

　　　　・修整した内容

設問ウ　・修整の有効性のモニタリング方法

　　　　・モニタリングの結果とその評価

　　　　・必要に応じて行った対応

このリストをベースに，"章"や"節"（場合によっては"項"も）を設定する。

章・節立ての例

1．プロジェクトの概要

　1．1．プロジェクトの目標

　1．2．目標を達成するために重要と考えたプロジェクトマネジメ
　　　　ントの対象と理由

2．修整したマネジメントの方法

　2．1．修整したマネジメントの方法

　2．2．修整が必要と判断した理由

　2．3．修整した内容

3．モニタリング方法と結果

　3．1．修整の有効性のモニタリング方法

　3．2．モニタリングの結果とその評価

　3．3．必要に応じて行った対応

　たったこれだけの作業で，各設問の要求にバッチリ合った章・節立てができる。
考え込まなければならないような，難しい作業は何もない。

　もちろん，節の分け方は複数種類考えられるが，各設問の要求を含んだものであ

ればよい。ここでのねらいは，**採点者に自分がきっちり設問ア～ウの要求をとらえた答案を作成していることをアピールすることである。**

　この"構成を要求にバッチリ合わせて決める＝設問ア～ウの要求にストレートに合わせて章・節立てを行う"ことには，以下のメリットがある。

> ### 設問の要求にバッチリ合わせた章・節立てを行うメリット
> ・採点者に，答案が設問ア～ウの要求に適合していることを分かりやすく伝えられる
> ・自分が，設問ア～ウの要求に合わせて答案を書きやすくなる＝答案が問題の要求からずれた内容になるリスクを減らすことができる

　前者については，p.52に示した具体例を見れば，感覚的に分かるだろう。**章・節立てしないと，何が書いてあるのかが非常に分かりにくくなってしまう。**

　後者のほうはイメージが湧きにくいかもしれないので，補足しておく。これは，どのような試験対策を採用し，どのようなアプローチで答案を作成するにせよ，重要である。答案の内容をモジュールとして用意し，試験中にそれらを組み合わせるという試験対策を採用する場合は，特に重要である。

　論述は，設問ア～ウに対する解答である。それぞれの設問には，複数の要求が含まれている。確実に合格レベルの答案を書くためには，それらすべての要求に応えた内容にしたい。

　こちらは個々の要求に使えるレベルの具体的なモジュール群を用意しているので，**どの要求にどのモジュールを使うかといった対応づけや，足りないものは何か（作らなくてはいけないところはどこか）といった判断を，実際に答案を書き始める前に行っておきたい。**

　このような対応づけや判断を，書き出した要求のリストをベースに行うことで，漏れを防ぐことができる。また，要求のリストをベースに章・節・項を設定することにより，要求されていないことを書いてしまうリスクを減らすことができる。

　さらに，章・節立て，段落替えを行うと改行になるため，字数制限をクリアしやすくなる。これはとても助かる。

> 章・節立ては，"読みやすさ"のためだけでなく，
> ボリュームを稼ぎ，字数制限をクリアしやすくするためにも有効

ひとこと

　繰り返しになりますが，章・節立ては必須です。「情けは人のためならず」って知っていますよね？　「人に親切にすれば，その相手のためになるだけでなく，やがてはよい報いとなって自分にもどってくる」というやつです。論述答案の場合は，「章立ては採点者のためならず」です。章・節立てをすれば，採点者が読みやすくなるだけではなく，合格という結果につながります。

2．注意!!
多くの受験者は要求にズバリ応えていない

■ 典型的なまずいパターン

限られた時間内に，書き慣れない文章を書き，一定のボリュームの答案を作成する。こういった状況では，当然ながら要求を満たさない答案を書いてしまう可能性が大きくなるので，注意が必要である。

筆者の経験からいうと，内容として要求に応えていない答案のパターンとしては次の2つが典型である。

> ### 要求に応えていない答案の典型
> ・要求されていないことをくどくど書く
> ・要求されていることをまったく書かない

もちろん，この2つを組み合わせたパターンもある。具体的には "要求されていないことをくどくど書き，要求されていることは書かなかった答案" ということになる。"要求されていないことをくどくど書く" だけであれば，"要求されていることも多少は書いた" 答案になっている。しかし，2つを組み合わせたパターンの場合はその余地もなく，内容として最悪の答案となる。

ここで典型的なまずい答案の具体例を確認しておこう。**プロジェクトマネージャ試験の答案で圧倒的に多いのが，設問アで要求されているプロジェクトの概要に対して，プロジェクトの背景・経緯と自分の立場のみを書くというエラー**である。

ちなみに，このエラーは章・節立てを行ったとしても起こる可能性がある。答案を書き始める前に，各節の内容としてどのようなことを書くか，そのポイントを自分の中で明確にしておかないと，このようなエラーは発生する。何しろ，**背景や経緯は書きやすい。だから書いてしまう。ただ，残念ながら書きやすいこと・書けることを書いても合格はできない。**

以下が "典型的なまずい答案" である。

私	が	勤	務	し	て	い	る	の	は	大	手	Ｓ	Ｉ	ベ	ン	ダ	で	あ	る	。	今	回	Ｋ
社	は	全	社	的	な	業	務	改	革	を	行	う	こ	と	に	な	り	，	そ	れ	に	合	わ	せ
て	基	幹	業	務	ア	プ	リ	ケ	ー	シ	ョ	ン	の	再	構	築	を	行	う	こ	と	を	決	定
し	，	そ	の	シ	ス	テ	ム	再	構	築	に	関	し	て	弊	社	が	受	注	し	た	。		
Ｋ	社	で	は	今	回	の	業	務	改	革	を	全	社	的	な	最	重	要	プ	ロ	ジ	ェ	ク
ト	と	位	置	づ	け	て	い	た	。	と	い	う	の	も	Ｋ	社	を	と	り	ま	く	経	営	環
境	の	変	化	は	激	し	く	，	年	々	そ	の	変	化	の	ス	ピ	ー	ド	も	増	し	て	い
た	た	め	で	あ	る	。	Ｋ	社	の	基	幹	業	務	は	そ	の	変	化	に	柔	軟	に	対	応
で	き	る	状	況	に	は	な	く	，	そ	の	ひ	と	つ	の	要	因	に	現	状	の	基	幹	業
務	ア	プ	リ	ケ	ー	シ	ョ	ン	が	な	っ	て	い	た	。	そ	こ	で	今	回	の	プ	ロ	ジ
ェ	ク	ト	が	計	画	さ	れ	た	。															
私	は	こ	の	プ	ロ	ジ	ェ	ク	ト	の	プ	ロ	ジ	ェ	ク	ト	マ	ネ	ー	ジ	ャ	と	し
て	プ	ロ	ジ	ェ	ク	ト	に	参	画	し	た	。	…	…										

　どうだろうか？「プロジェクトの背景・経緯」といった内容になってしまっていることがわかるであろう。要求は「プロジェクトの特徴」である。仮に直接要求されていない背景や経緯についての記述が多少あったとしても，要求されている「特徴」についての説明があれば，まだ救われる部分があるが，この例にはそれもない。結果，採点者には，「プロジェクトについて書けることを書いただけの答案」という印象を与えてしまうだろう。

■ 設問アの "プロジェクトの概要" 部分は特に重要！

　日ごろ答案を添削していて感じるのは，"**出だしの印象が重要**" ということである。当然ながら，採点者は答案を最初から読む。その最初の部分で要求を大きく外している印象を与えてしまうと，答案全体の印象も悪くなる。最悪の場合，せっかく書いた答案がまともに読まれない（採点してもらえない）という可能性がある。

　さらに，設問イ，ウは，設問アで説明したプロジェクトの具体的な取り組み・工夫，およびその評価・改善点などが要求されているわけであるが，設問アの説明が不十分であれば，答案全体の一貫性という点でも評価は低くなってしまう。

　設問イの要求は，設問アの内容を前提としており，その設問イの内容は設問ウの前提になっている。午後Ⅰの採点を行うのは午前の合格を前提としており，午後Ⅰの合格は午後Ⅱの採点の前提となっていることを考えると，設問アの内容が大きく要求を外している場合，設問イ以降は読まれずに評価Dになっている可能性もある。

答案において「形式」はとても重要！
特に設問アの解答の印象は答案全体の印象を左右する

3. 問題文の内容を反映して 構成をさらに具体化する

■「節内のポイント」や「項」を設定して，答案の構成を具体化する

　先ほど，設問ア〜ウの要求にストレートに合わせた章・節立ての例を示したが，あのレベルではまだ用意したモジュールを活用しにくい。それは単に章・節立てをしただけであり，それぞれの節の中で述べるべきポイントや項といったレベルまで深めて書く内容を具体的に考えていないためである。

　答案の具体的な内容を検討するには，各設問に加えて，**問題文の内容を反映する必要がある**。

　問題文は，テーマの具体的な内容を示すものである。出題者が期待する内容を示しているものである。したがって，その内容をしっかり把握して反映することが合格答案の要件となる。

　実際の試験問題（令和5年度の問1）を使って，節の中身レベルまで深めた答案構成を組み立てる作業イメージを示す。

　"プロジェクト概要モジュール"の適用（p.44〜p.50）で説明したように，用意したモジュール内容を適用する際に，「問題文の内容」も考慮している。その際，設問イ，設問ウの核となる内容も想定はしているが，章立ては答案の設計図・組み立て図であるから，章立てに関連づけて主要論点をメモしておく効果は大きい。

過去問

令和5年度　秋期　情報処理技術者試験　プロジェクトマネージャ試験　午後II　問1

問1　プロジェクトマネジメント計画の修整（テーラリング）について

　システム開発プロジェクトでは，プロジェクトの目標を達成するために，時間，コスト，品質以外に，リスク，スコープ，ステークホルダ，プロジェクトチーム，コミュニケーションなどもプロジェクトマネジメントの対象として重要である。プロジェクトマネジメント計画を作成するに当たっては，これらの対象に関するマネジメントの方法としてマネジメントの役割，責任，組織，プロセスなどを定義する必要がある。

　その際に，マネジメントの方法として定められた標準や過去に経験した事例を参照することは，プロジェクトマネジメント計画を作成する上で，効率が良くまた効果的である。しかし，個々のプロジェクトには，プロジェクトを取り巻く環境，スコープ定義の精度，ステークホルダの関与度や影響度，プロジェクトチームの成熟度やチームメンバーの構成，コミュニケーションの手段や頻度などに関して独自性がある。

　システム開発プロジェクトを適切にマネジメントするためには，参照したマネジメントの方法を，個々のプロジェクトの独自性を考慮して修整し，プロジェクトマネジメント計画を作成することが求められる。

　さらに，修整したマネジメントの方法の実行に際しては，修整の有効性をモニタリングし，その結果を評価して，必要に応じて対応する。

　あなたの経験と考えに基づいて，設問ア～ウに従って論述せよ。

設問ア　あなたが携わったシステム開発プロジェクトの目標，その目標を達成するために，時間，コスト，品質以外に重要と考えたプロジェクトマネジメントの対象，及び重要と考えた理由について，800字以内で述べよ。

設問イ　設問アで述べたプロジェクトマネジメントの対象のうち，マネジメントの方法を修整したものは何か。修整が必要と判断した理由，及び修整した内容について，800字以上1,600字以内で具体的に述べよ。

設問ウ　設問イで述べた修整したマネジメントの方法の実行に際して，修整の有効性をどのようにモニタリングしたか。モニタリングの結果とその評価，必要に応じて行った対応について，600字以上1,200字以内で具体的に述べよ。

網掛部分は，問題文中で論文の内容に反映するポイントとなる部分である。

章・節の見出しレベルの構成案に問題文の内容を加えると，次のような構成となる。

問題文の内容から具体化した例

1．プロジェクトの概要
　1．1．プロジェクトの目標
　1．2．目標を達成するために重要と考えたプロジェクトマネジメ
　　　　ントの対象と理由
　　★対象は「ステークホルダ」，理由は「ステークホルダ（営業部）
　　の影響度が大きい」
2．修整したマネジメントの方法
　2．1．修整したマネジメントの方法
　　★方法は「マネジメントの役割，責任」
　2．2．修整が必要と判断した理由
　　★理由は「プロジェクトの独自性（ステークホルダ）」
　2．3．修整した内容
　　★共同プロジェクト化と営業部長をPMに加えること
3．モニタリング方法と結果
　3．1．修整の有効性のモニタリング方法
　3．2．モニタリングの結果とその評価
　3．3．必要に応じて行った対応

　このレベルまで構成を考えるとようやくモジュールを適用できる状態となる。

　巻末に解答例全文を掲載してあるので，最終的にどのような論述に落とし込まれたか後ほど確認してほしい（令和5年度問1解答例）。

　このように章・節・項立ては知識ではなくただの単純作業であるから，実際に自分でやってみることが必要である。何度もやる必要はないが，少なくとも一度はやってみてほしい。試験会場で実際に作業ができないと役に立たない。

章立ては単純作業
過去問を使って，自分で章・節立てしてみよう

　ここまでのおさらいとして，令和5年度の問2を使った例を示しておく。まず，どのようなレベルの章・節立てをどのように設問文から作成するのか，再度確認してみよう。

過 去 問

令和5年度　秋期　情報処理技術者試験　プロジェクトマネージャ試験　午後Ⅱ　問2

問2　組織のプロジェクトマネジメント能力の向上につながるプロジェクト終結時の評価について

　プロジェクトチームには，プロジェクト目標を達成することが求められる。しかし，過去の経験や実績に基づく方法やプロセスに従ってマネジメントを実施しても，重要な目標の一部を達成できずにプロジェクトを終結すること（以下，目標未達成という）がある。このようなプロジェクトの終結時の評価の際には，今後のプロジェクトの教訓として役立てるために，プロジェクトチームとして目標未達成の原因を究明して再発防止策を立案する。

　目標未達成の原因を究明する場合，目標未達成を直接的に引き起こした原因（以下，直接原因という）の特定にとどまらず，プロジェクトの独自性を踏まえた因果関係の整理や段階的な分析などの方法によって根本原因を究明する必要がある。その際，プロジェクトチームのメンバーだけでなく，ステークホルダからも十分な情報を得る。さらに客観的な立場で根本原因の究明に参加する第三者を加えたり，組織内外の事例を参照したりして，それらの知見を活用することも有効である。

　究明した根本原因を基にプロジェクトマネジメントの観点で再発防止策を立案する。再発防止策は，マネジメントプロセスを頻繁にしたりマネジメントの負荷を大幅に増加させたりしないような工夫をして，教訓として

組織への定着を図り，組織のプロジェクトマネジメント能力の向上につなげることが重要である。

　あなたの経験と考えに基づいて，設問ア〜ウに従って論述せよ。

設問ア　あなたが携わったシステム開発プロジェクトの独自性，未達成となった目標と目標未達成となった経緯，及び目標未達成がステークホルダに与えた影響について，800字以内で述べよ。

設問イ　設問アで述べた目標未達成の直接原因の内容，根本原因を究明するために行ったこと，及び根本原因の内容について，800字以上1,600字以内で具体的に述べよ。

設問ウ　設問イで述べた根本原因を基にプロジェクトマネジメントの観点で立案した再発防止策，及び再発防止策を組織に定着させるための工夫について，600字以上1,200字以内で具体的に述べよ。

まず，設問の要求から章・節立てを行う。

章・節立ての例

１．プロジェクトの概要
　　１．１．プロジェクトの独自性
　　１．２．未達成となった目標とその経緯
　　１．３．目標未達成がステークホルダに与えた影響
２．目標未達成の原因について
　　２．１．目標未達成の直接原因の内容
　　２．２．根本原因を究明するために行ったこと
　　２．３．根本原因の内容
３．再発防止策について
　　３．１．立案した再発防止策
　　３．２．再発防止策を組織に定着させるための工夫について

次に問題文の内容をもとに項レベルの見出しを検討・決定する。

問題文の内容から具体化した例

１．プロジェクトの概要
　１．１．プロジェクトの独自性
　　★独自性は「ステークホルダ（営業部）の影響度が大きい」こと
　１．２．未達成となった目標とその経緯
　１．３．目標未達成がステークホルダに与えた影響
２．目標未達成の原因について
　２．１．目標未達成の直接原因の内容
　２．２．根本原因を究明するために行ったこと
　　★究明は「過去の案件と今回の違いを因果関係分析も含め行う」
　２．３．根本原因の内容
３．再発防止策について
　３．１．立案した再発防止策
　３．２．再発防止策を組織に定着させるための工夫について
　　★工夫は「経営に影響力が大きい営業部を即座に適用第１号とすること」

■ 節内の構成についての留意点 ―――――――――――――――――

　設問文から章・節の見出しレベルの構成を作ったら，次に問題文の内容を反映させるかたちで節の中身の構成を決めていく。

　その際，重要となる留意点を以下にまとめておく。

●各節のポイントの数は2つで**十分**

設問イおよびウでは，内容や方法について具体的な内容が要求される。各節のポイントとは，内容や方法の具体的な項目（項）のことである。

項目の数は，2つ。3つでもよいが，4つは多すぎである。理由は，一定の制限字数と制限時間の中で具体性のある内容を書かなければならないからである。項目の数を増やすと，それぞれに関する記述はどうしても"薄く（少なく）"なる。

●項の見出しを設定する

項目の数は2つか3つ。いずれにせよ複数になる。せっかく記述するわけだからこれらをわかりやすくアピールしたい。そこで，項の見出しを設定する。実際，章・節までの見出しを設定している答案は添削していて見かけるが，項の見出しまで設定している答案はとても少ない。よって採点者に与える影響はとても大きい。項の見出しを設定する余裕がない場合は，改行して段落分けするだけでも効果はある。

参考までに，項の見出しを設定した場合としない場合（段落分けもしていない）を示しておくので，その違いを実感してほしい。

項を設定した例

2	.	2	.	リ	ス	ク	対	応	策	の	内	容							
	「	プ	ロ	ジ	ェ	ク	ト	後	半	で	の	手	戻	り	，	停	滞	に	よ	り	期	限	通	り
に	完	了	し	な	い	リ	ス	ク	は	，	優	先	順	位	は	ト	ッ	プ	で	あ	っ	た	か	ら，
十	分	な	対	応	策	を	検	討	・	策	定	し	た	。					
	策	定	し	た	「	リ	ス	ク	対	応	策	」	は	，	次	の	2	つ	で	あ	る	。
（	1	）	全	従	業	員	を	対	象	に	し	た	検	証	の	実	施		
	要	件	定	義	の	段	階	で	の	ユ	ー	ザ	に	よ	る	機	能	や	操	作	性	の	確	認
の	対	象	者	を	選	抜	す	る	の	で	は	な	く	全	員	に	し	た	。	こ	れ	に	よ	り
要	件	定	義	段	階	で	も	れ	な	く	要	件	を	固	め	る	こ	と	と	，	「	も	れ	な
く	検	証	す	る	こ	と	」	を	業	務	部	門	の	責	任	者	に	ア	ピ	ー	ル	し	，	抵
抗	感	を	減	ら	す	。												
（	2	）	テ	ス	ト	環	境	の	専	用	化	と	前	倒	し		

　テスト環境を専用にし，しかも準備を1か月前倒して十分な期間を確保する。これは①を確実に実施しつつ，プロジェクトの完了時期を変更しないための策である。当社システム内に開発環境とは別にテスト環境を構築し，それをいつでも都合の良い時に客先から利用してもらうことを可能にした。

項を設定しなかった例

2.2.リスク対応策の内容

　「プロジェクト後半での手戻り，停滞により期限通りに完了しないリスクは，優先順位はトップであったから，十分な対応策を検討・策定した。策定した「リスク対応策」は，次の2つである。

　要件定義の段階でのユーザによる機能や操作性の確認の対象者を選抜するのではなく全員にすること。これにより要件定義段階でもれなく要件を固めることと，「もれなく検証すること」を業務部門の責任者にアピールし，抵抗感を減らす。もう一つは，専用のテスト環境の準備を1か月前倒して十分な期間を確保すること。これは検証を確実に実施しつつ，プロジェクトの完了時期を変更しないための策である。当社システム内に開発環境とは別にテスト環境を構築し，それをいつでも都合の良い時に客先から利用してもらうことを可能にした。

●**設問ア〜ウを通して一貫した内容のストーリーを作る**

　答案は，特定のプロジェクトに関する一貫した内容であることが求められている。ただし，実際には設問アに対する解答の部分でプロジェクトの説明がきちんとなされないものが多いため，設問イ，ウの内容が具体性に欠けるものになったり，具体性はあるものの特定プロジェクトとの関わり（設問アとの関連）が採点者にとって分かりにくかったりする答案が多い。

　したがって，設問イ，ウの内容と関連付けて設問アの内容を調整してまとめることができると，採点者に〝かなり優秀な答案〟という印象を与えることができる。

4．要求を主語にすれば内容が分かりやすくなる

■ 要求されたことを主語として文章を組み立てる

　答案全体の分かりやすさ（読みやすさ）は，すでに説明した形式や構成に大きく影響を受ける。そう考えてよい。

　内容として分かりやすくするためのポイントは，これから書くこと（要求されていること）を主語として"明示すること"である。

　つまり"分かりやすさ"とは，答案全体のレベルでは章立てしてタイトルを示すことであり，文章レベルでは要求されたことを主語とすることである。モジュールを用意するにあたって，この点をしっかり理解しておこう。

　次の例を見てもらいたい。

1	.	1		プ	ロ	ジ	ェ	ク	ト	の	目	標	お	よ	び	特	徴			
	私	が	プ	ロ	ジ	ェ	ク	ト	リ	ー	ダ	と	し	て	携	わ	っ	た	の	は	，客	先	K
社	の	基	幹	業	務	再	構	築	プ	ロ	ジ	ェ	ク	ト	で	あ	る	。	こ	れ	は	，弊	社
が	K	社	よ	り	全	体	の	プ	ロ	ジ	ェ	ク	ト	マ	ネ	ジ	メ	ン	ト	と	シ	ス	テ	ム
開	発	を	受	注	し	た	も	の	で	あ	る	。	期	間	は	要	件	定	義	か	ら	カ	ッ	ト
オ	ー	バ	ま	で	11	ヶ	月	間	，	規	模	は		4	00	人	月	で	あ	る	。

❶
当プロジェクトの目標は，期限どおり，予算内での実現と，K社側での新システムの保守・運用体制確立の二つであった。後者について補足すると，システム稼動後は100％をK社メンバだけで保守できる体制を構築するということである。

❷
プロジェクトの特徴は，上記目標からK社情報システム部メンバを教育目的で参画させた点である。11ヶ月というのは特別短期間ではないが，開発以外に教育・指導

| を | 伴 | っ | て | い | た | た | め | ， | | 作 | 業 | 的 | に | タ | イ | ト | で | あ | っ | た | と | い | う | 面 | も |
| 特 | 徴 | の | ひ | と | つ | と | し | て | 挙 | げ | ら | れ | る | 。 | | | | | | | | | | | |

❶ 節のタイトル「プロジェクトの目標」をそのまま主語としている。これにより，この段落に書いてある内容はプロジェクトの目標であるということを明示できる。

❷ 節のタイトル「プロジェクトの特徴」をそのまま主語としている。

　節のタイトルを構成する2つの要素「プロジェクトの目標」「プロジェクトの特徴」を主語にした文章を作成し，段落の先頭に配置している。これは分かりやすい（読みやすい）答案を作成する上で最大のポイントである。

　各設問の複数の要求をひとつひとつの要求にまで分解し，要求ごとに，それを主語とした文章にする。そうすれば，各文章がその要求についての"内容のかたまり"になる。

　これは，答案の内容をひとつひとつの要素に分解し，モジュールとして用意しておき，要求に合わせて適用するという，この本でお勧めしている方法との相性もよい。要求を洗い出し，それをもとに章・節立てすれば（答案全体の構成を決めれば），あとは各要求に対応するモジュールを当てはめていくだけだからである。モジュールを当てはめて文章化する際には，主語を要求内容にすればよい。

■ 主語と述部の対応づけに注意！

　せっかく要求を主語にしたのに，述部（述語）がきちんと対応していないと，採点者からマイナス印象をもたれる。この対策としては，**文章は極力短くまとめる**ことが挙げられる。多少不自然と感じるくらい極端にやろう。

　意図的に主語をつけた文章では特に心がけたい。答案を書いている間は，どうしてもボリュームをかせぎたいという意識が作用し，冗長な文章になりやすい。これを防ぐためにも，用意するモジュールの文章も短くしよう。試験中に「文章を短く書こう」といくら意識しても，実際に短い文章にするのは極めて困難である。この試験対策は，**"試験会場での対応力への依存度を下げる"**ことを目的としていることを改めて認識してもらいたい。つまり，文章が短くなるような準備を行うべきだ

ということである。

　以下は，同じような内容を一文でまとめたものと，いくつかの文章で構成した例である。一読して内容がわかりにくいのはどちらか，明らかであろう。

一文でまとめ，わかりにくくなってしまった例

　本プロジェクトの特徴は，要件が固まっていないにもかかわらず，期間が9ヶ月間と短期間のプロジェクトであったため，とてもスケジュール的に厳しく，さらに，他の開発プロジェクトと実施時期が重なってしまった関係で，必要となる要員が質的な面でも量的な面でも十分に揃えることができなかった。

いくつかの文章で構成した例

　本プロジェクトの特徴は，期間と品質にあった。具体的には，①要件が固まっていなかったこと。②ほかのプロジェクトがすでにスタートしていたため，質・量両面で必要な要員の確保が困難であったこと。③期間は9ヶ月間で，実施時点で確定していたこと。以上の3点により，本プロジェクトは，通常のプロジェクトに比べ品質要件を満たし計画通りに完了させることがかなり難しいという特徴を持っていた。

　文章を短くするだけで，相当効果はあるが，それでもエラーは起きる。

　プロジェクトマネージャ試験の午後Ⅱの論文における典型的なエラーは，次のようなタイプである。

私	が	担	当	し	た	プ	ロ	ジ	ェ	ク	ト	は	，	全	社	的	な	業	務	効	率	化	を
図	る	こ	と	を	目	的	と	し	た	W	e	b	ベ	ー	ス	の	グ	ル	ー	プ	ウ	ェ	ア	を
使	っ	た	シ	ス	テ	ム	で	あ	る	。													

　主語は確かに「プロジェクト」であるが，述部は「システムである」になってしまっている。主語と述部をつなげると「プロジェクトはシステムである」となり，おかしなことになっていることがわかる。このタイプのエラーはかなり多い。答案の冒頭の文章でこのように書いてしまったら，答案全体の印象が悪くなる。

　これを修正すると，次のようになる。

私	が	担	当	し	た	プ	ロ	ジ	ェ	ク	ト	は	，	W	e	b	ベ	ー	ス	の	グ	ル	ー
プ	ウ	ェ	ア	を	使	っ	た	シ	ス	テ	ム	導	入	に	よ	る	全	社	的	な	業	務	効	率
化	プ	ロ	ジ	ェ	ク	ト	で	あ	る	。													

　主語と述部をつなげると「プロジェクトは業務効率化プロジェクトである」となり，きちんと対応づけられていることが分かる。

　「プロジェクト」という単語が主語と述部で重複して，くどい印象があるかもしれないが，それでもよい。分かりやすすぎるくらいわかりやすく示すことがポイントである。

5. "具体性" をアピールするには

　設問イおよびウでは「具体的に述べよ」という明示的な指示がある。この指示に従った答案を試験会場でいきなり作成することはかなり難しい。そこで，あらかじめ形式および内容について準備しておく策が有効である。

■ 具体性をアピールする "書き方のパターン" を習得しておく

　具体性をアピールする "書き方のパターン" の習得は，とても簡単である。基本的な考え方は "要求されたことを，主語とした文章にする" と同じである。次の2つのパターンを知っていれば，具体性をアピールした答案を作成できる。

> **具体性をアピールする書き方**
> ・△△のために○○した。**具体的には**……
> ・○○して△△を図った。**例えば**……

　「なぁんだ。そんなことか」と思ったかもしれない。はっきりいおう。こんなことだ。しかし，「こんなこと」の威力は絶大である。何しろ**内容にあまり具体性がない場合でも "具体性がある"** という印象を与えることができるからである。

●「具体的には」を使う
　例えば，次の文章を読んでみてほしい。

ま	ず	，	新	シ	ス	テ	ム	の	利	用	者	マ	ニ	ュ	ア	ル	作	成	に	注	力	し	た	。
具	体	的	に	は	，	マ	ニ	ュ	ア	ル	ご	と	に	作	成	・	更	新	の	責	任	部	署	を
明	確	に	設	定	し	た	。																	

　具体的な要素はほとんどない文章（内容）であるが，「具体的には……」と書かれているので，読み手（採点者）としては何となく「具体的なのかな」という印象をもつだろう。

あまりピンとこないという場合は，次の文章と比較してみるとよい。

| ま | ず | ， | 新 | シ | ス | テ | ム | の | 利 | 用 | 者 | マ | ニ | ュ | ア | ル | 作 | 成 | ・ | 更 | 新 | の | 責 | 任 |
| 部 | 署 | を | 明 | 確 | に | 設 | 定 | し | た | 。 | | | | | | | | | | | | | | |

2つの例は，内容としてほとんど変わらないが，印象は違うだろう。前者のほうが具体的な内容といった印象を受ける。そうだとすれば，使わない手はない。

● 「例えば」を使う

具体性をアピールする書き方のもうひとつの方法は，具体例を使うことを形式的に示すパターンである。「例えば」という言葉を使って，内容をフォローする方法である。

チ	ー	ム	ご	と	に	集	ま	り	や	す	い	タ	イ	ミ	ン	グ	で	進	捗	ミ	ー	テ	ィ	ン
グ	を	実	施	す	る	よ	う	に	計	画	し	た	。	例	え	ば	，	ど	う	し	て	も	夜	型
に	な	り	朝	は	メ	ン	バ	が	そ	ろ	わ	な	い	こ	と	が	多	い	イ	ン	フ	ラ	チ	ー
ム	は	毎	日	夕	方	5	時	に	15	分	ほ	ど	の	ミ	ー	テ	ィ	ン	グ	を	設	定	し	た	。

この例では，具体例はひとつしか示されていない。もうひとつ他のチームについての例があれば完璧であるが，**試験会場で完璧を求めてはいけない。完璧も最適も試験には不要**である。不合格にならないレベルであれば，それでよい。この「例えば」という書き方が試験対策として優れているのは，具体例がたったひとつしか浮かばなくても，それなりに具体性をアピールすることに利用できるからである。具体例はサンプルなのであるから，網羅性や体系性は問われない。

■ **具体性を"内容的にアピールする手段"を習得しておく** ─────

形式として具体性をアピールする方法について説明してきた。これに加えて**具体性を内容的にアピールする手段**を知っていれば，万全である。

> ### 具体性を内容的にアピールする手段
> ・数値表現を使う
> ・具体的名称を使う
> ★もちろん，数値も名称もフィクションでOK！

　これもまた簡単なことであるが，効果は絶大である。次の例でその効果をしっかり認識しておいてもらいたい。

●数値表現の威力
　まずは数値表現を使った例について見てみよう。

実	施	前	と	比	較	し	て	大	き	な	改	善	が	見	ら	れ	た	。				

実	施	前	と	比	較	し	て	約	25	％	の	改	善	が	見	ら	れ	た	。			

　前者は数値表現を使わずに単に「大きな」と書いた例であり，後者は「約25％」という数値表現を使った例である。これら2つの印象はどうだろうか？
　後者のほうがはるかに具体的であるという印象を受けるだろう。

●具体的名称の威力
　次に具体的名称を使った例について見てみよう。

マ	ニ	ュ	ア	ル	作	成	・	更	新	の	責	任	部	署	を	明	確	に	し	た	。	

当	シ	ス	テ	ム	の	「	利	用	者	手	順	書	」	の	作	成	・	更	新	に	つ	い	て	は,
シ	ス	テ	ム	部	運	用	管	理	課	を	責	任	部	署	に	設	定	し	た	。				

　上記の2つの例は，明らかに後者のほうが具体的という印象を受ける。具体的名称を使っただけで，これだけ印象が変わってくる。

　ただし，試験会場で数値や部門（部署）名を考えることに時間を使いたくないので，あらかじめ準備しておくようにしよう。

★具体性のアピールにならないもの

　具体性があるということは，抽象的ではないということである。「具体的」は「特殊的」とは異なる。論述の答案は，要求された内容を具体的に書くことが求められている。要求されていないことを具体的に書いても印象が悪くなるだけである。この点に注意しよう。特殊的・個別的過ぎて具体性のアピールにつながらない例を確認しておく。

具体性のアピールにならない例1）

（	1	）	B	君	の	プ	ロ	ジ	ェ	ク	ト	へ	の	参	画				
	B	君	は	，	入	社	8	年	の	S	E	で	，	開	発	経	験	が	十	分	に	あ	る	。
B	君	は	，	前	回	の	プ	ロ	ジ	ェ	ク	ト	で	チ	ー	ム	リ	ー	ダ	を	務	め	た	が，
家	庭	の	事	情	と	，	現	状	抱	え	て	い	る	業	務	量	が	多	い	こ	と	か	ら	，
「	今	回	の	プ	ロ	ジ	ェ	ク	ト	へ	の	参	画	は	難	し	い	」	と	伝	え	て	き	た。
し	か	し	，	私	は	，	今	回	の	プ	ロ	ジ	ェ	ク	ト	に	は	ど	う	し	て	も	B	君
の	参	画	が	不	可	欠	と	判	断	し	，	B	君	の	上	司	の	Y	課	長	に	相	談	し
た	。																		

　どうだろう？　B君の情報である「入社8年目」「前回チームリーダを務めた」「家庭の事情」，そして「今回のプロジェクトへの参画が難しい」というセリフは，具体性のアピールになっているだろうか？　具体性を感じるというより“いらない記述”という印象が強いだろう。

具体性のアピールにならない例２）

| | 当 | シ | ス | テ | ム | は | ， | ○ | ○ | 社 | の | △ | △ | ｖ | ｅ | ｒ | ３ | ． | １ | を | 使 | 用 | し | て |
|いた|が|，|△|△|の|ｖ|ｅ|ｒ|３|．|１|は|２|年|後|の|９|月|で|サ|ポ|ー|ト|

	当	シ	ス	テ	ム	は	，	○	○	社	の	△	△	ｖ	ｅ	ｒ	３	．	１	を	使	用	し	て
い	た	が	，	△	△	の	ｖ	ｅ	ｒ	３	．	１	は	２	年	後	の	９	月	で	サ	ポ	ー	ト
終	了	に	な	る	こ	と	が	○	○	社	か	ら	ア	ナ	ウ	ン	ス	さ	れ	た	。	可	能	性
と	し	て	は	，	□	□	社	の	★	★	ｖ	ｅ	ｒ	２	．	０	に	リ	プ	レ	ー	ス	す	る
か	，	同	じ	○	○	社	の	△	△	ｖ	ｅ	ｒ	４	．	０	に	バ	ー	ジ	ョ	ン	ア	ッ	プ
す	る	か	の	ど	ち	ら	か	で	あ	っ	た	。												

「○○社」「□□社」（実在の企業名）は必要だろうか？「ver3.1」「ver2.0」といった情報は必要なのだろうか？

数値や具体的名称は，具体性ばかりでなく客観性も高める極めて有効な手段であるが，論述の本筋と関係しない内容であった場合，効果がないばかりか「要求したことを答えていない」という観点からマイナスの影響を及ぼす可能性が高い。気をつけよう。

★設問アにおいて，要求されているのは"プロジェクト"についてであって"システムではない"点に注意しよう。せっかくプロジェクト概要のモジュールを準備していても，問題設定に合わせて"調整"する際，システムのことなら具体的に書きやすいということで，プロジェクトではなく，システムの特徴や概要になってしまうエラーは少なくない。

★ポイント
設問イ，ウの解答部分には，少なくともひとつ「例えば，……」と具体例を入れ，具体性をアピールしよう。

6. "客観性" をアピールするには

答案作成においては "具体性" よりも重要度は低いものの, "客観性" も重要である。しかし, ほとんどの答案は客観性をアピールできていない。したがって, あなたが作成する答案が客観性をアピールする要素を含んでいれば, それだけでかなり採点者の印象をよくすることが期待できる。

論述において客観性が求められるのは, 評価や効果に関する部分である。その場合の手段としては, 次のひとつを使うことができればそれで十分である。

客観性を内容的にアピールする手段

・数値で比較する

数値表現を使うだけで具体性のアピールになる。さらに, その**数値を使って状態の比較を行えば客観性のアピールにもつながる**。

●数値で比較することの威力

次の例で, 数値で比較する効果を確認してほしい。

人	件	費	を	大	幅	に	削	減	で	き	た	。	こ	れ	は	大	変	大	き	な	効	果	で	あ
る	と	考	え	る	。																			

実	施	前	の	人	件	費	は	年	間	総	額	で	2	億	5	千	万	円	で	あ	っ	た	が	,
カ	ッ	ト	オ	ー	バ	後	の	年	間	総	額	は	1	億	2,00	0	万	円	と	な	っ	た	。	
こ	れ	は	50	%	以	上	の	削	減	効	果	で	あ	る	。									

もちろん, これらの数値も事実である必要はまったくない。あらかじめ売り上げの伸び, 費用削減など, いくつかの効果測定項目とその数値を準備しておこう。

実際準備しようとすればわかるが, 「何でもよい」「インチキでもよい」と言われると意外と出てこないものである。ということは準備をせずに試験場でいきなり適

当な数値表現を浮かべて論述に含めるのはかなり難しい。事前の準備が得策である。

●威力についての補足

　なぜ威力が大きいのか？　もう一度「数値で比較することの威力」の前者の例（数値で比較しないほう）を確認してもらいたい。あなたはどのような印象をもっただろうか。これが数千万から数十億ものプロジェクトのマネージャの文章だろうか？

　むしろ，小学生か中学生の作文ではないだろうか。

「大幅に」や「大変大きな」という表現にはまったく客観性がない。またそれを裏付ける情報もない。客観的な評価というより自分の感想に近い。つまり，この内容だと加点されないどころか，マイナスの評価を受けるということである。したがって，数値で比較した場合とのギャップは大きい。つまり，数値で比較するという威力は十分にある。

●設問ウの「実施状況と評価」の記述について

　設問ウでは，「実施状況と評価」「実施結果と評価」が定番の要求になっている。これは設問イの「結果」とそれに基づく「評価」ということである。しかし，添削していると，両者が明確に分かれていないもの（結果なのか評価なのかがわからないもの），結果が示されておらず評価だけのもの，結果だけで評価がないもの（評価ではなく感想になっているもの）などが多い。

　「結果」は数値を使った比較で示して，それに基づいた「評価」を説明する構成にしたい。

　たとえば，対応策Xによりプロジェクトがプランどおり完了したという結果とその評価であれば，次のように記述するとよい。

結果とその評価の例

本プロジェクトは，当初の計画通り9ヶ月で完了した。対応策Xによりプロジェクト途中での追加メンバの投入はなく，メンバの総作業時間も計画の5％超におさめることができた。この5％超は，弊社のプロジェクトの基準値である10％以内を満たしている。
　以上の結果から，対応策Xは十分効果的であったと評価している。

　「結果」は必ずプラスの効果が出たことをアピールすることが重要である。問題文を読むと，PMとしての役割を適切に果たせば，プロジェクトは円滑に運営され目標を達成することが論述の前提となっていることがわかる。そして，そのPMとしての適切な役割を果たせる能力の認定を行うのがこの試験の位置づけである。

 ひとこと

　添削をしていると「一定の効果はあったものの失敗だった」「リカバリはできなかった」など，「実際はそうだったのだろうな」と思う記述が少なくありません。自分自身もシステム系プロジェクトに関わってきましたし，PMもやりましたから，「システム系の人たちは正直者が多い」とは思っていませんが，「架空の話を作る」のは簡単ではないようです。事前の準備が必要です。

7. "工夫した点"をアピールするには

プロジェクトマネージャ試験の場合，具体性や客観性はすべての問題でかならず求められるので，しっかり準備をしておくことが必要である。さらに，問題によっては「工夫した点」を要求してくるので，その点についても準備しておいたほうがよい。

工夫した点をアピールする手段

・"ねらい"や"期待効果"を示す
・文章で「工夫した点は……」と明示的に書くとともに「例えば…」と具体例を示す

まず，「工夫した点は……」と明示するのは，要求された点を主語にした文章を作成する手法を"工夫した点"についても当てはめただけである。また，工夫した点は実施したことであるから，すでに説明した具体性のアピールが求められる。

もうひとつ，単に実施したことではなく工夫した点を明示的に要求された場合には，その"ねらい"や"期待効果"を示すことがアピールにつながる。多くの答案はそれができていない。その理由のひとつに"よい論述答案"に対する誤解があると筆者は思っている。

午後Ⅱの答案は，"論述"というスタイルをとるため，論述の一般的な作法を強調するような試験対策本が出版されている。たいていは試験対策として妥当なものであるし，もちろんこの本の内容と重なる部分もある。

論述の作法のひとつに"理由・根拠を示すこと"というものがある。これ自体は適切なことなのだが，この点ばかり意識してしまうとバランスの悪い答案になってしまう。理由・根拠の説明を"「なぜならば」を使った説明"だと勘違いしているのではないかと思われる答案を筆者はかなり目にしてきている。

「なぜならば」は発生した問題への対応策など過去に起きたことを根拠にした説明には使えるが，将来的によりよい状態を目指す策の期待成果については使いにくい。理由や根拠の中には，ねらいや効果もあり，それらは端的に「ねらい」や「期待効果」といった表現を直接使って説明したほうが分かりやすい。

具体例で確認してみよう。次の2つの例を比較してほしい。

ステ	ー	ク	ホ	ル	ダ	ご	と	に	コ	ミ	ュ	ニ	ケ	ー	シ	ョ	ン	手	段	を	変	え	る
よ	う	に	し	た	。	な	ぜ	な	ら	ば	、	そ	れ	ぞ	れ	の	ス	テ	ー	ク	ホ	ル	ダ	の
特	徴	が	異	な	る	か	ら	で	あ	る	。												

工	夫	し	た	点	は	、	コ	ミ	ュ	ニ	ケ	ー	シ	ョ	ン	効	果	の	向	上	を	ね	ら	っ
て	ス	テ	ー	ク	ホ	ル	ダ	ご	と	に	コ	ミ	ュ	ニ	ケ	ー	シ	ョ	ン	手	段	を	変	え
た	こ	と	で	あ	る	。	例	え	ば	、	プ	ロ	ジ	ェ	ク	ト	オ	ー	ナ	に	は	週	次	で
状	況	報	告	を	メ	ー	ル	で	送	る	と	と	も	に	月	1	度	全	体	ミ	ー	テ	ィ	ン
グ	を	実	施	、	各	開	発	チ	ー	ム	リ	ー	ダ	と	は	週	次	に	ミ	ー	テ	ィ	ン	グ
実	施	、	と	い	っ	た	具	合	で	あ	る	。											

8．ＢランクをＡランクの答案にした例

　ここまで答案を上手く組み立てるポイントを具体的に確認してきた．次は，いよいよ実際にモジュールを準備するステップである．その作業に入る前に，目標とするＡランク（合格レベル）の答案のイメージを具体例で確認しておこう．

　合格レベルに至っていない＜Ｂランクの答案の典型＞（p.21～22）で示した解答例をここまでで説明したポイントを使ってＡランクの答案に改善した例を示す．あらためて，Ｂランクの内容も確認し，Ａランクとの比較を行い，目指すイメージを明確にしておこう．

＜Ｂランク：具体性に欠ける例＞

	私	は	，	リ	ス	ク	マ	ネ	ジ	メ	ン	ト	に	注	力	し	た	。	ま	ず	リ	ス	ク	を
洗	い	出	し	，	そ	の	後	，	分	析	・	評	価	を	行	い	，	優	先	度	を	設	定	し
た	。	そ	し	て	，	優	先	度	の	高	い	リ	ス	ク	に	つ	い	て	対	応	策	を	立	案
し	た	。	な	ぜ	な	ら	ば	，	リ	ス	ク	マ	ネ	ジ	メ	ン	ト	に	お	い	て	は	優	先
度	の	高	い	も	の	に	絞	っ	て	対	応	す	る	の	が	得	策	だ	か	ら	で	あ	る	。

＜Ａランク：具体性のアピールにより改善した例＞

	私	は	，	リ	ス	ク	マ	ネ	ジ	メ	ン	ト	に	注	力	し	た	。	ま	ず	，	リ	ス	ク
を	洗	い	出	し	，	そ	の	後	，	そ	れ	ら	の	分	析	・	評	価	を	行	い	，	優	先
度	を	設	定	し	た	。	具	体	例	に	は	，	洗	い	出	し	た	リ	ス	ク	そ	れ	ぞ	れ
に	つ	い	て	，	発	生	確	率	（	0.5	以	上	，	0.2	～	0.5	，	0.2	未	満
の	3	種	類	）	と	影	響	度	（	1	億	円	以	上	，	5	千	万	円	～	1	億	円	，
1	千	万	円	～	5	千	万	円	，	1	千	万	円	未	満	の	4	段	階	）	の	観	点	か
ら	分	析	し	，	こ	れ	ら	の	積	の	値	に	よ	り	評	価	を	行	な	っ	た	。

＜Ｂランク：プロジェクトの特徴が経緯の説明になっている例＞

　　私が開発に携わったのは，当社の新規営業支援系システム開発プロジェクトである。当社は金融機関の子会社であり親会社の情報システムの開発・導入・保守・運用をメインで行なっている。今回のプロジェクトは，親会社の経営環境変化に伴う営業力強化の一環として行われたものである。背景としては，経営戦略の一つとして，中小企業向けの営業強化が打ち出されていたことがあった。従来のシステムは，……

＜Ａランク：要求（プロジェクトの特徴）への適合度を改善した例＞

　　私が開発に携わったのは，当社の新規営業支援系システムの開発プロジェクトである。本プロジェクトの特徴は，ステークホルダが多くそのマネジメントの難易度が高くなることが予想されたことと，当社としては初めてのパッケージソフトウエアを使った開発となったことである。

＜Ｂランク：評価が感想になってしまっている例＞

	設	問	イ	で	述	べ	た	今	回	私	が	実	施	し	た	策	は	，	経	営	陣	お	よ	び
関	係	部	門	の	協	力	も	あ	り	計	画	通	り	に	効	果	を	発	揮	し	た	。	こ	れ
だ	け	難	易	度	が	高	い	プ	ロ	ジ	ェ	ク	ト	が	期	限	通	り	に	完	了	で	き	た
こ	と	は	，	プ	ロ	ジ	ェ	ク	ト	マ	ネ	ー	ジ	ャ	ー	と	し	て	大	変	満	足	し	て
い	る	。	特	に	シ	ス	テ	ム	化	と	し	て	優	先	度	が	低	い	機	能	を	対	象	外
と	し	て	，	開	発	費	用	も	期	間	も	抑	え	た	こ	と	は	，	経	営	陣	か	ら	高
く	評	価	さ	れ	た	。														

＜Ａランク：要求（評価）への適合度を改善した例＞

	優	先	度	の	低	い	機	能	を	開	発	対	象	外	と	す	る	策	は	，	経	営	陣	及
び	関	係	部	門	の	協	力	も	あ	り	，	狙	い	ど	お	り	の	効	果	を	あ	げ	る	こ
と	が	で	き	た	。	具	体	的	に	は	，	要	件	定	義	で	の	2	週	間	の	遅	延	を
リ	カ	バ	リ	す	る	と	と	も	に	，	開	発	費	用	も	予	備	費	の	範	囲	内	の	約
3	00	万	円	ほ	ど	の	超	過	に	抑	え	る	こ	と	が	で	き	た	。	以	上	か	ら	，
今	回	の	実	施	柵	は	十	分	効	果	的	で	あ	っ	た	と	評	価	し	て	い	る	。	

Phase 04

合格答案の仕込み

必要なモジュールをつくる！

1. モジュールづくりの心得

　ここからは，答案の作成にあたって必要となるモジュールを用意していこう。ただ読むだけではなく，あなた自身も鉛筆と消しゴム（できれば試験当日に使う予定のもの）をもって作業に加わってほしい。この本を読みながら同時に作業を進める必要はないが，試験までには必ず作業を行ってもらいたい。「読んだだけで試験当日のイメージがおおよそつかめたので大丈夫」と感じている人もいるだろう。それは半分は適切であるが，半分は不適切である。**どれほど器用な人でも，この試験は準備しなければ確実に合格する状態にはならない**。確実に合格したければ，準備を怠ってはいけない。その点を分かってもらいたい。

　さて，あらためて"準備"の大前提を確認しておく。

- 内容は事実にこだわる必要はまったくない
- 形式と内容の両面で要求に応える

　モジュールを用意する目的は，試験会場で合格レベルの答案を確実に作成するためである。したがって，作業を行う際には，常に実際にどのようにしてそのモジュールを使うのかという観点をもつ必要がある。まったくそのまま利用できる場合もあるが，要求に合わせた調整が必要になることのほうが多い。

2．題材モジュール

　すでにPhase02のところ（p.39～42）で具体例を紹介したが，まずモジュールとして題材となるプロジェクト（設問アの要求に必ずある「プロジェクトの概要」の部分）を用意する。プロジェクトマネジメントに関する一般的なテーマであれば，どのテーマにでも使える題材であることが要件である。したがって自分の知っている中から標準的なものを選ぶ。誤解のないように補足しておくが，"選ぶ"というのは"特定の対象プロジェクトをひとつ選ぶ"ということではない。論文においては，ひとつのプロジェクトとして記述するが，ここで実施しようとしているのはその材料の用意である。"つくり上げる"作業である。

　実際に体験したプロジェクト，かかわっていないが知っているプロジェクト，雑誌やインターネットなどの紹介記事で見つけたプロジェクトの中から合成する作業である。もし，この時点でひとつも具体的なプロジェクトについて使える情報がないという場合は，午後Ⅰの本試験問題を参考にするとよい。

　まったく架空のプロジェクトを想定してもかまわないが，筆者の経験からいうとまったく何もないところから考え出すより，何か核になる部分をまず設定し，そこに付け足していくほうが楽である。

　題材として必要なものは，以下のとおりである。

書いてみよう✎

題材モジュール
プロジェクト名:
体制:
期間:
規模:
背景・経緯:
目標:
特徴・独自性:

※p.39〜42を参考に実際に書いてみよう

※「目標」と「特徴・独自性」については，実際に適用するテーマの内容によって選択・調整するので，複数用意しておくとよい

書いてみよう🖊

題材モジュール
プロジェクト名：
体制：
期間：
規模：
背景・経緯：
目標：
特徴・独自性：

3. 題材補強用モジュール

　具体性をアピールするため（p.73〜77を参照）のモジュールとして，題材を具体化するイメージで以下のものを用意しておこう。

書いてみよう✎

題材補強用モジュール

①登場する組織・部門の名称：

②対象システム（アプリケーション）の名称（※ 複数を用意）：

③開発部隊の構成・特徴：

書いてみよう🖊

題材補強用モジュール

---

①登場する組織・部門の名称：

---

②対象システム（アプリケーション）の名称（※ 複数を用意）：

---

③開発部隊の構成・特徴：

4. 実施内容アピール用モジュール

これは，設問イ，ウで実施策を記述する際に，その具体性をアピールするために使用するモジュールである。

モジュールを用意するにあたっての大前提は，これから用意するのは実施内容そのものではないということである。**あくまで実施項目は，試験問題の問題文および設問の要求によって決定**する。また，**実施内容は問題文中に例示されたものがある場合は，それらを反映**する。

モジュールを用意する観点としては，プロジェクトの計画・実施・評価という一連のマネジメントプロセスでポピュラーな要素に絞る。その主なものを汎用性（使える度合）が高い順に紹介する。

■ コミュニケーション関連

プロジェクトは複数の人が関わっており，何かを実施するにはコミュニケーションが欠かせない。したがって**“コミュニケーション関連”は，ほぼ確実にどのテーマでも使用可能なモジュール**である。

プロジェクト全体のコミュニケーション（例：対ステークホルダ）もあれば，開発チームの個々のメンバとのコミュニケーションもあり，いろいろである。しかし，次の2つの観点で準備しておけば十分対応できる。

●**双方向のコミュニケーションであることをアピールする内容**

　コミュニケーションの基本は双方向であり，プロジェクトにおいてもプロジェクトマネージャからメンバに対し一方的に伝達するだけではまずい。そのあたりの事情を踏まえた具体的な内容を用意しておくとよい。なお，用意するにあたっては，次の使えそうなポイントを参考にするとよい。

具体的な内容に使えそうなポイント
・直接会う機会を重視（メールのみではなく）
・定期的（あるいは頻繁）に話を聞く機会の設置
・ひとりひとり個別に会う機会とミーティングの併用
・指示ではなく対話重視

●**相手に応じて適切な手段を選択していることをアピールする内容**

　これは立場が異なるプロジェクト関係者との間のコミュニケーションに関連する実施内容であった場合に使用できる。

具体的な内容に使えそうなポイント
・コミュニケーションの頻度を使い分ける
　（例：月次，週次，日次）
・コミュニケーションの媒体を使い分ける
　（例：メール，会議，個別面談，掲示板）

　それでは，実際に具体的な内容を考えてみてほしい。「具体的には」または「例えば」に続けて，少なくとも２つは作成してほしい。

書いてみよう✎

具体的には，
_____

_____

_____

_____

例えば，
_____

_____

_____

書いてみよう✎

具体的には，
_____

_____

_____

_____

例えば，
_____

_____

_____

書いてみよう🖋

具体的には，
_____

_____

_____

_____

例えば，
_____

_____

_____

書いてみよう🖋

具体的には，
_____

_____

_____

_____

例えば，
_____

_____

_____

※モジュールの用紙は，コピーして増やせるよう，左右のページに同じものを配置してある

● **モジュールを実際に適用するイメージをもっておく**

　用意したモジュールを使って，実際の答案を作成するイメージをもっておくことは極めて重要である。事前に準備するのは本番で使うため，活かすためである。本番で使うイメージをもって準備を行えば，成果につながりやすい。

　そこで，準備したモジュールの活用イメージを作っておこう。

　コミュニケーション系の典型的なテーマとして，次の問題への対応がポイントとなったという想定で，すでに用意したプロジェクトの概要モジュールとコミュニケーション関連モジュールを使って作成してみる。

テーマ／要求に適合したポイント
- 要員間の対立
- 要員の意欲低下

> **用意していたモジュール**
> 　具体的には，メンバひとりひとりと個別に面談する機会と，ミーティングにより集団で話し合う機会を目的に応じて使い分けた。

モジュールを使って具体化した例

（1）臨時全体ミーティングの開催
　プロジェクト開始時に全体ミーティングを実施していたが，要員間の対立を解決するためとチームメンバの意欲向上のため，臨時で全体ミーティングを開催した。要員間の対立は，部門や担当者の利害の不一致や態度や口の利き方といった類のことに起因していた。これは全員がプロジェクトおよび各自が参画している意義を十分に認識すれば解決すると考えた。当プロジェクトの重要さをわかりやすく認識させるためK社社長，基幹業務の担当役員に出席を依頼した。具体的には，当プロジェクトの位置づけ，重要性，特に参加メンバに対する期待について強調して説明してくれるようお願いした。
（2）個別面談の定期的実施による相互確認
　メンバひとりひとりの役割や目標を相互に確認するための個別面談は，全体ミーティング同様，プロジェクトの開始時に行っていた。しかし，メンバの中に意欲が低下したものが出始めていたため，個別面談を定期的に実施することにした。これにより，意欲低下の原因の把握とその対処を可能にした。さらに，各メンバの心情や状況に理解を示すことで意欲低下や要員間の対立等による作業効率や作業品質への影響を抑える効果も期待した。具体的には，各チームリーダとメンバの面談は週1度，プロジェクトリーダとメンバの面談は月1度とした。実施にあたってメンバのための面談であることをわかりやすく伝えるため工夫した。例えば，面談場所はリーダの部屋で行うのではなく，面談時間少し前にリーダがメンバのところへ行き，カフェテリアで行うようにした。

どうだろうか。この程度の内容であれば問題なく作成できるであろう。ぜひ，自分が用意したモジュールを使って，この例を参考にして適用する作業を実際にやってみてほしい。

もし，この時点でモジュールを用意する気にならない，用意する気はあるがうまくできない，という場合は，例示したモジュールを使ってやってみよう。とにかく実際にやってみることが重要である。

●周知徹底

周知徹底はコミュニケーションのひとつであり，伝達の頻度や媒体を使ったモジュールで応用可能である。

具体的な内容に使えそうなポイント

- 階層構造を生かした伝達をする
    - 例：各チームリーダに周知徹底し，チームリーダからメンバに周知徹底
- さまざまな媒体を使って伝達する
    - 例：各種ミーティングの場，開発オフィスに掲示，休憩室に掲示
- 理解度を確認する
    - 例：テストの実施，質問する・説明させる場を設ける
- 緊急でプロジェクト全体会議を開催する

■ ユーザ（部門）関連

　プロジェクトマネージャ試験の午後Ⅱで対象となるプロジェクトは「システム開発プロジェクト」である。システムにはユーザが存在する。ということは，要求定義やテストにおいてユーザとの関わりがかならずある。したがって，コミュニケーション関連ほどではないが，ユーザ（部門）のマネジメントを使用する問題はかなり多い。ユーザ（部門）関連としては次の2つを想定しておけばよいだろう。もちろん，ユーザ（部門）はプロジェクトのステークホルダに含まれるので，前述のコミュニケーション関連のモジュールを使用することもできる。

●積極的な参画を促すことをアピールする内容

　システム開発の"成功"には，それを利用するユーザの参画が欠かせない。したがって，難しい制約条件のもとで行うプロジェクトを成功に導くための施策として使う。用意するにあたっては，次の使えそうなポイントを参考にするとよい。

具体的な内容に使えそうなポイント

・ユーザ側の責任者，キーパーソンを早期段階からプロジェクトメンバとして参画させる
・各機能（アプリケーション）ごとにユーザ側の責任者を決める
・ユーザ部門の積極的・主体的な参画なくして成功はないことをユーザ部門責任者から徹底的に伝えさせる

●**利害調整をアピールする内容**
　プロジェクトには複数のステークホルダが登場（関与）する。ステークホルダにはそれぞれ異なる利害がある一方で，プロジェクトとしてはいろいろな制約も存在する。そのあたりがテーマになった場合には，ユーザ部門を登場させるとよい。

> ## 具体的な内容に使えそうなポイント
> ・プロジェクトの位置づけ，目的を十分に説明し納得させる
> ・複数の代替案をそれぞれそのメリット・デメリットとともに示し，
> 　ユーザ側にその中から選択させる
> ・エスカレーションする
> ・今回のプロジェクトの対象からは外す
> ・影響度と関与度のバランスをとる

■ マネジメントプロセス関連

　プロジェクトの計画，実行，評価という一連の流れについてのモジュールも用意しておくと，いざというとき役に立つ可能性がある。用意するにあたっては，次の使えそうなポイントを参考にするとよい。
　なお，リスクマネジメントと不確実性への対応は内容が異なる点に注意したい。従来はリスクマネジメントのみであったが，今後は不確実性への対応も問われる可能性が十分にある。実際，令和4年度の問1においてプロジェクト実行中の事業環境変化による計画変更がテーマになっている。

具体的な内容に使えそうなポイント

- ・定期的にさまざまな項目で評価（例：進捗，コスト，メンバの勤務時間，雰囲気，作業品質）
- ・リスクを考慮した計画（代替案，緊急時対応なども作成）
- ・不確実さを考慮したプロジェクト運営（迅速かつ適切な事後的対応が可能な体制構築、全てのメンバーによる対話中心の意思決定による柔軟性の維持）
- ・評価に基づき早期にアクションを起こす
- ・（同様のプロジェクトの）経験者の知恵を活かす

　これらの「具体的な内容に使えそうなポイント」を参考に，P92〜93に示したモジュール用紙の内容を実際に書いて，論述に必要なモジュールを用意しておこう。

5．モジュール適用にあたっての注意点

モジュールを適用するということは，答案を作成することに他ならない。プロジェクトマネージャ試験の答案として評価されるわけであるから，合格レベルに達するためには，要求に合わせた内容にすると同時に，"プロジェクトマネージャ試験の答案として内容に妥当性があること"が必要である。

マイナスの印象を与えないために，以下の点に注意してほしい。

■ 題材や状況の設定に注意

論述の題材は"プロジェクト"である。プロジェクトとは"有限性"（一定期間で完了する性質）をもつものである。したがって，プロジェクトとは言い難いシステムの運用保守やそれに伴う日常的なシステム変更を題材に選んだという印象を採点者に与えてしまうと，大きなマイナス要因となる。

仮に，あなたがシステム運用保守部門に在籍し，一定期間で完了するような業務を担当していない場合は，自分の経験から題材を選択するのはやめることである。

また，プロジェクトの特徴として"納期厳守"を挙げる答案も比較的多い。納期を守らなくてもよいプロジェクトなど存在しないわけであるから（実際にはあることは筆者も知っているが，本来の意味では存在しない），これは単独では特徴になりにくい。

■ 用語は正しく使うこと！

筆者の経験では，問題のテーマや設問の要求に使用されている用語の概念（用語の意味するもの）を正しくとらえていないことを露骨に表現してしまっている答案が少なくない。これをやってしまうと，少なくともその箇所は要求を外してしまうことになる上，その答案を書いた受験者（つまり，あなた）には前提となる知識がないという印象を採点者に与えてしまい，答案全体の評価を低くすることになる。

多くの受験者が正しくとらえていない典型的な用語として，"リスク"がある。リスクは問題点（すでに発生しているよくないこと）ではないし，要件（満たさなければよくないことが起きること）でもない。"将来発生が予想されるよくないこと"である。

例えば，次のような記述はマイナスの印象を与える。

×：△△のリスクは，仕様変更が発生したことである。
　　⇒問題点（すでに発生しているよろしくないこと）ととらえているので×
×：△△のリスクは，あらかじめ仕様を固め，ユーザの合意を得ることである。
　　⇒要件（満たさなければよろしくないことが起きること）ととらえているの
　　　で×

仮に，仕様変更に関わるリスクを表現したいのであれば，

**○：□□のリスクは，プロジェクト途中で発生する仕様変更に伴うスケジュール
の遅延である。**
　　⇒将来発生が予想されるよろしくないことを示しているので○

といった表現になる。
　また，“評価”を要求する設問は少なくないが，それに対して単なる感想を記述
している答案が多い。“評価”は“感想”ではない。
　“あなたの評価”は“あなたが実施したことについての客観的な成果に基づいた評
価”である。つまり，評価の根拠となる客観的なデータをまず示し，それに対する
評価を加えるという内容が求められている。
　例えば，次のような記述はマイナスの印象を与える。

**×：私は，今回のプロジェクトはいろいろな問題が発生したものの，全体的には
成功したと思う。**
　　⇒これは感想なので×
×：私の実施策は，十分な成果があったと考える。
　　⇒十分な成果があったという根拠を示していないので×

これを評価らしくまとめると次のようになる。

○：今回のプロジェクトは，仕様変更への対応のため当初予算を<u>３％オーバ</u>する
　かたちになった。しかし，これは予備費用（プロジェクト総予算の<u>５％</u>）内
　に収まるものであるため，適切なマネジメントであったと評価している。
○：実施策の結果，その後の対象業務の費用（年間ベース）<u>25％減</u>を実現した。
　これは目標値<u>20％減</u>を上回る成果であり，十分に評価できる。
　⇒根拠となる客観的なデータを示した上で良し悪しを判断・評価しているの
　　で○

　必要なモジュールが用意できたところで，次のExerciseではこれを使って実際に
答案を組み立ててみよう。

 ひとこと //

　添削をしていると，「経営陣から大いに評価された」「お客様であるＫ社様から
お褒めの言葉を頂いた」といった“周りの評価”だけになってしまっている答案
が少なからずあります。周りからの評価（主観的な自己評価ではない）ので「客
観性がある」と勘違いしているように思われます。
　論述として求められているのは，“PMの私”としての評価です。そしてその評
価の妥当性を持たせるために「実施状況」あるいは「結果」の説明に数値を使っ
て客観的に示すことです。
///

Exercise

エクササイズ

答案を書いてみよう

1．答案を書いてみよう

　ここまで，合格レベルの答案を書くために必要な準備や，試験会場で確実に実行するためのポイントなどについて述べてきた。

　答案を書くために必要なモジュールを用意できたのであれば，あとは試すだけである。次の手順に従って，用意したモジュールを使って実際に答案を書いてみよう。

> ### 答案を書くための手順
> 1．問題を選択（決定）する
> 2．設問ア〜ウの内容に基づき章・節立てを行う
> 3．問題文を読み，その内容に基づいて各節のポイントを決める
> 4．上記作業で決めた構成に利用できるモジュールを対応づける
> 5．設問アから論述を開始する

■ 1．問題を選択（決定）する

　まずは問題の選択である。基本的に自分が用意したモジュールと相性がよい（適用しやすい）問題を選ぶ。あわてる必要はないので，テーマに加えて問題文の内容も確認した上で選択するようにしよう。

　令和5年度の問題（問1：p.43〜44，問2：p.47〜48）を題材にして行ってみよう。

　問1〜問2のうち，どちらかを選び章・節立てを行い，実際に書き出してみる。

　これから行う各作業の成果は記録して次の作業に生かすようにしよう。そして試験本番でもまったく同じ作業を行えるようにする。

■ 2．設問ア〜ウの内容に基づき章・節立てを行う

書いてみよう✎（参考：p.54〜55）

```
1.

1.1

1.2

```

```
2.

2.1

2.2

(2.3)

```

```
3.

3.1

3.2

```

■ 3．問題文を読み，その内容に基づいて各節のポイントを決める

書いてみよう✎（参考：問1：p.43〜44，問2：p.47〜48）

1.

1. 1

1. 2

（1. 3）

2.

2. 1

2. 2

2. 3 _____

_____

3. _____

3. 1 _____

_____

_____

3. 2 _____

_____

_____

■ 4.　上記作業で決めた構成に利用できるモジュールを対応づける ────

　この手順は，実際に自分なりにモジュールを用意したうえでやってみてもらいたい。

　Phase04でモジュールを作る方法は説明した。また，巻末付録として「試験にほぼそのまま使えるフレーズ集」を掲載してあるので，それらを参考にして自分なりのモジュールを作り，用意しておこう。

　ここで行うのは、その用意したモジュールの中から解答に適したモジュールの組合せを検討することである。

■ 5．設問アから論文の作成を開始する

本番前に，かならず一度はエンピツをもって答案を書いてみよう。市販の作文用原稿用紙でもよいが，本書のダウンロードサービスとして，原稿用紙のPDFを用意したので，それを利用することもできる（詳しくは，P.viの「本書の使い方」参照のこと）。

なお，試験の答案用紙には，次のようなアンケート用紙状の用紙が付いてくる。

論述の対象とするプロジェクトの概要　※見本。必ずしも毎回同じとは限りません。

質問項目	記入項目
プロジェクトの名称	
①名称 　30字以内で，分かりやすく簡潔に表してください。	（記入欄） 【例】1．小売業販売管理システムにおける売上統計サブシステムの開発 　　　2．サーバ仮想化技術を用いた生産管理システムのIT基盤の構築 　　　3．広域物流管理のためのクラウドサービスの導入
システムが対象とする企業・機関	
②企業・機関などの種類・業種	1．建設業　2．製造業　3．電気・ガス・熱供給・水道業 4．運輸・通信業　5．卸売・小売業・飲食店 6．金融・保険・不動産業　7．サービス業 8．情報サービス業　9．調査業・広告業　10．医療・福祉業 11．農業・林業・漁業・鉱業　12．教育（学校・研究機関） 13．官公庁・公益団体　14．特定業種なし 15．その他（　　　　　　　　　　　　　　　　　　　　）
③企業・機関などの規模	1．100人以下　2．101〜300人　3．301〜1,000人 4．1,001〜5,000人　5．5,001人以上 6．特定しない　7．その他（　　　　　　　　　　　　　）
④対象業務の領域	1．経営・企画　2．会計・経理　3．営業・販売　4．生産 5．物流　6．人事　7．管理一般　8．研究・開発 9．技術・制御　10．その他（　　　　　　　　　　　　）

システムの構成	
⑤システムの形態と規模	1. クライアントサーバシステム 　（サーバ約　　　台，クライアント約　　　台） 2. Webシステム 　（**ア**.（サーバ約　　　台，クライアント約　　　台） 　**イ**.（サーバ約　　　台，クライアント分からない）　　　） 3. メインフレーム又はオフコン（約　　　台）及び端末 　（約　　　台）によるシステム 4. 組込みシステム（　　　　　　　　　　　　　） 5. その他（　　　　　　　　　　　　　　　　　）
⑥ネットワークの範囲	1. 他企業・他機関との間 2. 同一企業・同一機関などの複数事業所間 3. 単一事業所内　4. 単一部署内　5. なし 6. その他（　　　　　　　　　　　　　　　　　）
⑦システムの利用者数	1. 1～10人　2. 11～30人　3. 31～100人 4. 101～300人　5. 301～1,000人 6. 1,001～3,000人　7. 3,001人以上 8. その他（　　　　　　　　　　　　　　　　　）
プロジェクトの規模	
⑧総工数	（約　　　　　人月）
⑨総額	（約　　　　　百万円） （ハードウェア　　　　　の費用を　**ア**. 含む　**イ**. 含まない） （ソフトウェアパッケージの費用を　**ア**. 含む　**イ**. 含まない） （サービス　　　　　の費用を　**ア**. 含む　**イ**. 含まない）
⑩期間	（　　年　　月）～（　　年　　月）
プロジェクトにおけるあなたの立場	
⑪あなたが所属する企業・機関など	1. ソフトウェア業・情報処理・提供サービス業など 2. コンピュータ製造・販売業など 3. 一般企業などのシステム部門 4. 一般企業などのその他の部門 5. その他（　　　　　　　　　　　　　　　　）
⑫あなたの担当した作業	1. システム企画　2. システム設計　3. プログラム開発 4. システムテスト　5. 移行・導入 6. その他（　　　　　　　　　　　　　　　　）
⑬あなたの役割	1. プロジェクトの全体責任者　2. プロジェクトマネージャ 3. プロジェクトマネジメントチームのメンバー 4. チームリーダー　5. その他（　　　　　　　　）
⑭あなたが参加したプロジェクトの要員数	（約　　　　～　　　　人）
⑮あなたの担当期間	（　　年　　月）～（　　年　　月）

●**論述の対象とするプロジェクトの概要についての補足**

　この箇所の記入に関してのポイントは，①もれなく記入すること，②論述内容と整合性を取ることである。すでに，問題を選択し，準備してあるモジュールをもとに論述の骨子と主要なアピールポイントを設定しているので，それらをもとに記入すればよい。

　論述に使用しない項目内容（例：システム構成，金額など）については，整合性を気にする必要がないので，適当に記入する（記入漏れは減点というルールになっているので，とにかく記入する）だけでよい。

Cutover

いざ本番！

試験会場での作業

1. 当日の手順の確認

　試験当日は試験会場（現場）で作業することになる。準備をどれほど完璧に行ってもいろいろなことが起きるのが試験である。これは，実際のプロジェクトと同じである。仮にプロジェクトというものがあらかじめバッチリ計画でき，そのとおりに進捗して完了するのであれば，プロジェクトマネージャなど不要である。すべてが計画どおりに進むのであればプロジェクトマネージャの出番はない。"何か起きたら素早く適切な対応をとることができる"のがプロジェクトマネージャである。"何かが起きそうな兆候を感じ取り，事前に手を打つことができる"のは有能なプロジェクトマネージャである。あなたがねらっているのは，そのプロジェクトマネージャの試験である。試験会場で"有能なプロジェクトマネージャのように"対応したいものである。

　現場で的確な判断を素早く行うためには，事前にどのようなことが起きるかおおよそ想定しておき，それに応じた対応パターンを決めておけばよい。当日に"考える（考え出す）こと"を極力減らすことがねらいではあるが，考えることをゼロにしようとしているわけではない。答案をまるごと記憶しておいて，試験会場ではひたすらその内容を書くということにすれば，当日はほとんど考えることはなくなる。ただし，それでは合格する可能性もほとんどなくなる。

　さて，ここからあらためて試験当日の作業として実施する際のポイントを作業ごとに説明していく。"答案を書くための手順"については，すでにExerciseで示した。実際に試してみることをお勧めしたが，やってみただろうか？"YES！"（やった）の場合は，次の一連の説明を読みながら，自分が行った作業中に何を考え，どのような判断をしたか振り返ってみてもらいたい。

　"NO"（まだやっていない）の場合は，説明を読みながら当日の作業をシミュレーションするようなかたちで試してみてもよいし，ひととおりすべて説明を読み終えてからでもよい。ただし，かならず一度は実際に答案を書いてみてほしい。答案作成は"作業"である。一度もやったことのない作業を本番一発勝負で行うのはあまりにリスクが大きい。

・答案作成は"作業"である！
・少なくても一度は一連の作業プロセスを体験してみること！
・モジュールを用意し，実際に書いてみること

　ここからは，試験当日の午後Ⅱの作業について，作業上のポイントを説明していく。できれば，実際の午後Ⅱの過去問を手元に用意して，実際の作業をイメージしながら読むようにしてほしい。

■ 1．問題を選択（決定）する

　午後Ⅱの問題は２つある。そのうちから１つ選択する。
　この問題選択（決定）におけるポイントは，**できるだけ事務処理作業的に（単純作業として）行うこと**である。すでに説明したように，**選択基準はたった１つである。用意してきたモジュールを適用しやすいかどうかだ**。もし，その基準では選びづらいと感じるなら，言い方を変えよう（言い方を変えただけで，ほぼ同じ意味である）。**汎用性が高い（＝特定のシステムや状況に限定されない）テーマであるかどうかで判断する**。そのための準備をしてきた（または，これから準備する）わけであるから，そのことだけ作業として行う。ここはあれこれ考えるところではない。ゆっくりやっても試験開始後５分以内で完了する作業である。

問題選択（決定）を行う際のポイント
・事務処理作業として行う
・モジュールを適用できるか（≒汎用性が高いか）どうかだけで選択する

■ 2．設問の内容に基づき章・節立てを行う

　この作業のポイントは，"**設問の要求にストレートに合わせた章・節立てを行う**"ことである。ストレートに合わせるというのは，**設問の要求を"そのまま"章や節のタイトルに使う**ということである。つまり自分で構成やタイトルの表現をいろい

ろ考えたりしないということである。問題の選択（決定）と同様に，ここも事務処理作業的に行う。

　できるだけスムーズに処理（作業）を行いたいので，試験前にかならず実際の試験問題の設問をもとに章・節立てを行い，体験しておくこと！

　作業慣れしていれば，試験本番のこの作業時点でわざわざ章・節立てをメモする必要はない。ただ，時間がかかる作業ではないし，後続の作業を行いやすくするために章・節立てのメモを作成することを強くお勧めする。

　ただし，メモは自分だけが分かればよいものであるから，ていねいに（きれいに）書く必要はまったくない。

章・節立てを行う際のポイント
・事務処理作業として行う
・設問要求をそのまま章や節のタイトルに使う

■ 3．問題文を読み，その内容に基づいて各節のポイントを決める（≒項レベルのタイトルを決める）

　問題文中の内容は，かならず設問の要求に対応するかたちになっている。その内容から出題者がどのような観点や内容について論文を書かせたいのかを把握することができる。その内容により章・節立てからもう一段深めて項レベルのポイント・タイトルを決める。これで，答案の骨組み作りは完了である。

　問題の選択（決定）からここまでの作業は10分以内で完了するイメージである。また，**先行する2つの作業と同様**，ここも事務処理作業的に行う。

　注意してほしいのは，**問題文に示された内容をそのまま使用してよい**という点である。問題文に例示されたポイントは，あくまで例なので，“そのまま使うと論文としての評価が下がるのでは”などと気にする必要はない。仮に同じ項目を使用したとしても，こちらには具体性をアピールできるモジュールが準備できている。問題文に書いてあること「しか」解答に書かない場合は，「表面的」で具体性に欠ける論述として評価が下がるのだ。項目レベルでのオリジナリティによって具体性をアピールする必要はない。

　基本的には，「2．設問の内容に基づき章・節立てを行う」で章と節のレベルでの

タイトルを立てたあと，この作業でより詳細（項レベル）を決めるという手順にしている。しかし場合によっては，ひとつの作業としてまとめてしまってもよい。その場合は，設問と問題文の内容を確認したあと，章，節，項の構成とタイトルを決定し，メモを作成するという手順になる。

　なお，章・節のタイトルとは違い，項レベルのタイトルは必須ではない。要は各節の中身である項レベルの構成まで深めて検討し，ポイントとなる内容を決めるということである。確かに項のタイトルが付いていたほうが採点者にとって分かりやすいが，段落分けするだけでも十分に分かりやすい論述はできる。必要以上に時間をかけないようにしよう。

項レベルのタイトルを決める際のポイント
・事務処理作業として行う
・問題文に示された内容をそのまま項のタイトルに使う

■ 4．上記作業で決めた構成に利用できるモジュールを対応づける ───

　実際は，これまでの作業時点で用意しているモジュールのことが頭に浮かぶはずである。それはごく自然なことである。ただ，具体的にモジュールをどう使うか，モジュールのどのあたりを修正して使えるようにするか，などを考えてしまうと，1〜3の作業の精度が落ち，時間がかかってしまう。この作業は，論文を書き始める作業の中で唯一 "考える" ことが中心となる。事務処理的な作業と頭を使う作業を同時に行うと作業を複雑にしてしまうので，それは避けたい。したがって，1〜3の作業時にモジュールの対応づけのことが頭に浮かんでもそのままにしておき，**対応づけはあくまで3の作業終了後に行うという明確な手順をもつことが大切である。**

　ここは**必要な時間をたっぷりかける。**たっぷりといってもせいぜい10分程度である。具体的には，まず設問アの内容を固める。用意してある題材モジュール（プロジェクトの概要）の特徴や目的を本文の内容に応じて設定する。設問イ，ウについては，項レベルのタイトルから主なポイントを考えてみる。その際，実施内容アピール用のモジュールがかならずどこかで使用できるはずである。

　用意したモジュールを当てはめるときの修正・調整点や，新たに作り出す論点等

について章立てメモに書き加える。

　ここまでの作業（開始からトータルで20分程度）がきちんとできれば，少なくとも半分終了したようなものである。

> ### モジュールの対応づけを行う際のポイント
> ・答案の骨組みができてから行う
> ・考える作業なので，必要な時間をたっぷりかける

■ 5．設問アから答案の作成を開始する

　ここからが答案を書き始める作業である。すでに説明したように，答案は書き始める前の構成・内容の組み立て作業で半分終了したようなものである。したがって残り半分の作業に該当する。ただし，作業ボリューム（量）としては、ここからが圧倒的なウェイトを占める。時間的にも午後Ⅱの試験時間2時間（120分）のうち，ここからの作業が100分程度である。

　この答案作成におけるポイントは，**頭を使わず作業に徹する**ことである。すでに骨組みは決めてあるので，**答案の詳細な設計図はできている。あとはそれに従ってつくる（ひたすら書く）**だけである。"考える"作業はすでに完了して（させて）いる。

　日ごろ文章などを手で書く機会がほとんどない人でも，100分あれば合格レベルの質・量の答案を十分に作成できる。時間が足りなくなるなどという心配はないので，急がずに作業を進めることも大切である。

> ### 答案を書く際のポイント
> ・頭を使わず作業に徹する
> ・設計図に従って，ひたすら書く

　以上が試験会場で答案を作成する一連の手順とそのポイントである。それほど特殊なことではないので理解できたと思う。手順としての特徴は，頭を使って考えるのは，"利用できるモジュールを対応づけする作業だけ"ということである。

ちょっと長めの

ひとこと

　答案を作成する際には，ボリューム（記述量）のバランスにも注意を払いましょう。設問ア〜設問ウの３つの設問すべてにおいて，複数の要求項目があります。本書でおススメしているように章立てを行うと，１.１，１.２といった複数の節で構成することになります。その際，節のボリュームがあまりにどちらかに偏ると，論述（論理的な展開）が不十分になりますし印象も良くありません。

　よくあるのは，設問ウです。設問ウでは「設問イで行ったことの結果とのその評価」と「今後の改善点」の２つが要求されます。節としては，３.１結果と評価，３.２今後の改善策となりますが，３.１が100字程度しかなく，３.２が500字以上といった答案が珍しくありません。設問ウの中心は結果と評価ですし，すでに説明したように，ここでは結果の客観性をアピールした上でそれを評価しますのである程度の量は必要になります。

　設問ごとに，論述の中心になる内容（具体性をアピールするところ）の判断とともに，論述全体の流れも考慮して，記述量のバランスを大きく崩さないようにしましょう。"大きく"崩れなければだいじょうぶです。

2．当日の注意事項
不測の事態に備える

　試験会場ではすべてが想定どおりいかないことは確かだが，避けることのできるトラブルは避けたい。そこで実際の試験会場で予想されるトラブルとその予防法と万一起きてしまった場合の対処法について述べておく。

■ "急ぐスイッチ" が入ってしまった！

　プロジェクトマネージャ試験の午後Ⅱに限らず，試験全般に当はまることであるが，あわててしまうと，たいてい "急ぐスイッチ" が入ってやられてしまう。理由は簡単である。急ぐと作業精度が低下するからである。急ぐというのはあくまで本人の意識の問題であって，実際の作業スピードとは関係がない。急いでも作業スピード（読んだり，考えたり，書いたりするスピード）が上がるわけではない。したがって処理時間はちっとも減らない上に，作業精度が落ちるのでミスが増える。特に難易度が高い試験においては，急ぐと大事故につながり大幅に得点が下がる。

　これはちょうど車の運転と似ている。かなり混雑している道路状況（問題でいえば難易度が高い問題）で，"急ごう" と思ったところで，到着時間はたいしてかわらない。ドライバーの意識やテクニック，および車の性能も到着時間にほとんど影響を与えることはない。他の車の状況と信号で決まる。そのかわり急ごうとすれば事故が発生する確率はグーンと増える。それと同じである。"急いでもいいことなし！" をしっかりイメージとしてもっておいてもらいたい。

　試験会場で急ぐスイッチが入りやすいのは，開始直後である。したがって対応策として次のアクションが効果的である。

●開始５分前からこれからやる作業をシミュレートする

　スポーツ競技では，実際にプレーする前にこれから行うプレーをイメージする。これは自分のイメージどおりのプレーをするための準備である。試験はスポーツではないが，"自分のイメージどおりの作業を行いたい" という点ではまったく同じなので，「まず，問１の内容をざっくり確認して……」と，これまでやってきた一連の手順を頭の中でトレースしてみることは極めて効果的である。

●**表紙はできるだけゆっくりめくる**

　意識で自分の行動をコントロールすることは難しいが，逆のことは案外簡単にできる。つまり意識と行動が戦うと行動が勝つと考えてよい。したがって，“急がないようにしよう。急がないようにしよう”と意識していても，試験開始の合図とともに，まわりにつられてものすごい勢いで問題冊子の表紙をめくった途端，急ぐスイッチが入ってしまうことになる。これを利用して，誰よりもゆっくり問題冊子の表紙をめくれば“ここはあわてるところじゃない。ゆっくりやろう”という意識（気持ち）になるし，維持しやすい。

不測の事態への備え①

・開始5分前からこれからやる作業をシミュレートする

・表紙はできるだけゆっくりめくる

■ **集中できない事態が発生する**

　試験会場には多くの受験者がいる。あなたの後ろの受験者のガリガリ書く音がうるさかったり，前の席の受験者がしょっちゅう後ろにのけぞってきたり，左隣りの受験者の貧乏ゆすりがひどかったり，通路を挟んだ右隣りの受験者がブツブツ独り言をいったりするかもしれない。最悪の場合，このような4人に囲まれてしまうかもしれない。そのほかにも部屋が暑すぎたり寒すぎたり，外の騒音がうるさかったりするかもしれない。

　あるいは，あなた自身が試験前に仕事のことやプライベートなことでいろいろあってなかなか集中しにくい状況になっていたり，前日に緊急の仕事で徹夜になり，急に眠くなってしまったりするかもしれない。

　要するに試験会場ではいろいろなことが起き得る。そして，起きることは基本的にコントロールできない。起きたことへの態度（反応）は自分でコントロールできるのだが，一度気になってしまった後で，それを無視するのは極めて困難である。

　ではどうすればいいか？　対策はシンプルである。上記のような集中力を奪うような事態が仮に発生したとしても，それに気づかない程度に集中していればよい。そのような状態を1日維持するには，次のアクションが効果的である。

●自分が試験会場にいる意味，目的を1日中確認する

　自分がやっていることが自分にとって大いに意味・意義があることを実感していて，しかもそれができている状態のとき，注意力が散漫になることはない。プロジェクトマネージャ試験に合格することは，あなたにとって大きな意義のあることである。したがって，かならず何がしかの意味をもっている。それをハッキリさせておき，朝に試験会場に向かうとき，教室に入ったとき，着席したとき，休み時間，トイレに行ったとき，かならず確認しよう。できれば声に出して（ブツブツ言う程度でよい）確認する。

　もうひとつ。意味や意義が実感できていても，それができていることが確認しにくいと作業に集中しにくくなる。その点，あなたがやろうと準備していることは頭を使って考える部分はほんの一部で，多くは単なる作業である。段取りも決まっているし，作業手順も頭に入っている。そうであれば，作業が思うようにいかなくて困ることはまずない。

●休憩時間は思いっきり休憩する

　試験は連続して行うわけではない。休憩時間が設定されている。この休憩時間に自分のノートや書籍を確認している受験者も少なからずいるが，それでは休憩にならない。試験では目と脳を使う。休憩時間にたっぷり休ませたいのは目と頭である。特に目は入力装置であるから重要である。

　1日中行うペーパーテストはかなり疲れるものである。日ごろ仕事でかなりハードな生活をしているという人でも，試験の疲れ方とはちがう。

　午後Ⅱではそれほど頭を使わないものの集中力は必要である。午前Ⅰ，午前Ⅱ，午後Ⅰとやってきて，その後に午後Ⅱはある。もっとも疲れているから，よい状態で午後Ⅱに挑まないと思わぬ事態になる可能性がある。しっかり休憩しよう。目と頭を休ませよう。休憩時間は休憩するためにある。

不測の事態への備え②

・自分が試験会場にいる意味・意義・目的を1日中確認する

・休憩時間は思いっきり休憩する

■ 極度に緊張してきた

　準備をしっかりやり，自信満々な状態だったのに，試験会場に近づいた瞬間に突然緊張するということはある。これは実際にあった話だが，午後Ⅰまで終わり，あとは午後Ⅱだけとなった開始5分前に急に緊張してきてガチガチになり，午後Ⅱをやっている間，何をしているか分からない状態だったという受験者がいる（当然，結果は不合格）。

　そういったことはまず起きないであろうが，ものごとに絶対はない。もし，緊張を感じたら次のようなアクションをとろう。

●「自分がやるべきことをやればいい」と何度も言い聞かせる

　どれほど準備をしても結果を気にすると緊張しやすい。"うまくいくかどうか""合格するかどうか"そんなことを気にしてもしようがないし，試験の結果はその時点であなたがコントロールできるものではない。だから，コントロールできない結果ではなく，プロセス（自分がやること）に焦点を当てる。「自分がやるべきことをやればいい」「合格に向けて自分がやるべきことをやる」と何度もブツブツ言って自分に言い聞かせよう。

> ### 不測の事態への備え③
> ・「自分がやるべきことをやればいい」と，何度も自分に言い聞かせる

■ 気づいたら残り時間が足りない

　これはまず起きることはないと思うが，備えあれば憂いなし。念のための非常手段として，対策だけは知っておいて損はない。

●**設問ウの最後までひととおり仕上げることを最優先する**

　仮に設問イの途中でふと時計を見たら，なぜかは分からないが残り15分を切っていたとする。2.1を仕上げ，2.2の途中である。どうするか？

　とにかく2.2のまだ書きたい項目があっても文章を完結させる。そして，設問ウの作成にかかる。そして何とか3.1，3.2まで答案を構成し，見かけ上すべてに解答したものを仕上げる。もし，時間が数分余ったら，設問イに戻って2.2の記述を加えてもよい。

　設問イまでがほぼ完璧な論述であっても，設問ウがまったくない，あるいは途中で終わっていると，まず間違いなく不合格になる。それだけは避けたい。多少部分的に不十分であっても，すべての要求に解答してある論述のほうが合格のチャンスはある。

> ### 不測の事態への備え④
> ・設問ウの最後までひととおり仕上げることを優先する

　以上が，当日発生させたくない事態とその対応策である。これらの内容を確認した上でさらに，次の問を自分自身で検討してみるとよい。

　試験当日，自分の合格に対する取り組みを危機に陥れるような事態は他にあるだろうか？

　体調を崩す，電車が遅れる……といったことも含め，最低でも3つは想定し，その対応策または防止策を検討しておこう。それだけで直前期および当日の気持ちはずいぶんと安定したものになるはずである。

3. 最　後　に

　プロジェクトマネージャ試験合格への取り組みは，あなたにとってひとつの重要なプロジェクトと位置づけることができる。これはすでに説明した。設定した目標を実現するための計画を策定し，実行し，達成するという一連のプロセスは業務となんら変わらない。

　もし，あなたが本気でこの試験に合格することを目標としたなら，忙しさを理由にこの程度（敢えてこのような表現を使う）の試験に合格できない（受けないのも含めて）のであれば，業務遂行能力もたいしたことはないということになる。そのようなことはまずないだろう。本気で取り組めば，「一発で！」とはいわないが，かならず合格できる。

　しかし，なかなか試験会場に行く人や合格者が増えないのは，本気じゃない人が多いからだと筆者は考える。
「本気じゃなかった」と結果が出てから言い訳するくらいなら，一切やらないほうがよい。確かに，試験は業務そのものではないし，プロジェクトマネージャとしての実力や実績とは直接リンクしない。試験という形式への向き・不向きもあるだろう。試験は試験である。

　だが，多少なりとも必要性や意味や意義を感じているのなら，そのための段取り（準備）をして合格してしまおう。試験は合格・不合格の2種類の結果しかない。合格すれば，資格が手に入る（能力認定を得られる）し，確かな実績に基づく自信がつく。一方，合格しないと何も得られないし，次のステップに進みにくい。

　繰り返すが，**あなたが本気になればかならず合格できる**。それは間違いない。それはあなた自身がよく分かっていることだと思う。

　この本をここまで読んで，"合格プロジェクト"に取り組んでくれたあなたには，ぜひ合格してもらいたい。

付録

- ・試験にほぼそのまま使えるフレーズ集
- ・合格できる答案例

試験にほぼそのまま使えるフレーズ集

「特に重要と考えた点」「工夫点」「留意点」などで使えるフレーズをまとめておこう。

Phase04のところで挙げた"用意すべきモジュール"について，具体例を示しておくことにする。"ほぼそのまま使えるフレーズ"というタイトルがついているが，丸暗記して使用してほしいということではない。内容を読めばただちに分かるように，特別なことはひとつもない。つまり，わざわざ覚える必要などないことばかりである。ただ，試験場で状況に応じて"スッ"と出てくるようにしておくために，観点と内容を確認しておくとよい。

さらに，参考までに本試験問題の，合格できる答案例をつけておいた。

　・令和５年度　問１，問２の答案例
　・令和４年度　問１，問２の答案例

"すばらしい答案"ということではなく，"現場で実際に作成可能な答案"という観点で参考にしてもらいたい。

なお，令和５年度の答案例はプロジェクト概要モジュール例（１）を，令和４年度の答案例はプロジェクト概要モジュール例（２）を使って作成している。

■ コミュニケーションが双方向であることをアピールする内容

	特	に	重	要	と	考	え	た	こ	と	／	工	夫	し	た	こ	と	は，		直	接	会	う	機
会	を	重	視	し	た	こ	と	で	あ	る。		具	体	的	に	は，		原	則	的	に	毎	日	午
後	は	開	発	現	場	に	出	向	く	よ	う	に	自	分	の	ス	ケ	ジ	ュ	ー	ル	を	調	整
し	た。		最	低	で	も	週	に	１	度	は	す	べ	て	の	メ	ン	バ	と	直	接	会	話	す
る	機	会	を	も	つ	よ	う	チ	ェ	ッ	ク	リ	ス	ト	を	作	成	し，		会	話	し	た	日
時	と	会	話	内	容，		メ	ン	バ	の	様	子	で	目	立	っ	た	と	こ	ろ	が	あ	っ	た
場	合	は	そ	れ	に	つ	い	て	も	記	録	し	て	お	く	よ	う	に	し	た。			

★さらに「例えば……」と，具体例を加えるパターンも有効である。その
際には，会話内容やメンバの様子も具体的に記述するとさらに効果的で
ある。

　特に重要と考えたこと／工夫したことは，目的によっ
てコミュニケーション手段を使い分けたことである。例
えば，各メンバそれぞれの目標設定を行う場合は，個別
に面談を行い，プロジェクト目標や重要な課題の伝達に
は，ミーティングを開催し集団でのコミュニケーション
を図る機会を利用した。

■ 相手に応じてコミュニケーション手段を選択していることをアピールする内容

　特に重要と考えたこと／工夫したことは，コミュニケ
ーションの頻度と媒体を使い分けたことである。具体的
には，プロジェクト開始前の準備期間に行ったステーク
ホルダ分析の結果にもとづき，コミュニケーション計画
を作成した。プロジェクトオーナ，顧客ユーザ部門，開
発チームリーダ，外注先，といったステークホルダごと
に月次，週次，日次といった頻度と文書（紙），メール，
掲示板，ミーティング，といった媒体（コミュニケーシ
ョン手段）を定義した。

★ステークホルダは自分の答案に登場させる具体的な名称にすること。

■ ステークホルダ・マネジメント

　プロジェクトメンバも含めたステークホルダ・マネジメントとして，キックオフミーティングの有効活用を計画した。具体的には，経営者にメッセージを発信してもらうことはもちろん，開発部門責任者，各ユーザ部門責任者にも今回のプロジェクトの意義について話をしてもらうよう手配した。

■ メンバの動機付け策（個別面談）

　メンバ個々人の動機付けを図るため，定期的に個別面談を実施した。1回あたり15分程度で負担になりすぎないことと極力メンバ自身に考えさせる工夫を行った。例えば，入社3年目のメンバには「次回のプロジェクトではどのような役割を担うことになるだろうか？」といった質問をすることで，期待される役割を自ら考えるようにした。

■ 周知徹底をアピールする内容（チームリーダの活用）

　特に重要と考えたこと／工夫したことは，チームリーダへの徹底を重視したことである。これは，チームメンバは，リーダの言動に左右されやすいという経験則にもとづくものである。具体的には，週次に開催したリーダミーティングにおいて，進捗確認等に合わせて，セキュリティ確保の重要性と，ルールの徹底は，まずリーダがルールを守ることが不可欠である点を繰り返し強調した。

■ 周知徹底をアピールする内容（開発室に張り出し）

	特	に	重	要	と	考	え	た	こ	と	／	工	夫	し	た	こ	と	は，	開	発	担	当	者

特に重要と考えたこと／工夫したことは，開発担当者の作業場所，休憩室に，全体スケジュールやチームごとの進捗状況，発生した課題とその対応状況といった情報とともに，ガイドの要点を標語のようなかたちで張り出したことである。例えば，「健康第一！　安全も第一!」「他人のＩＤは使用しないこと」「作業記録は必ず残すこと」といったポスターを張り出した。

■ ユーザの積極的な参画を促すことをアピールする内容

特に重要と考えたこと／工夫したことは，プロジェクトの早い段階からユーザ部門のキーパーソンをプロジェクトメンバとして参画させたことである。具体的には，プロジェクト計画検討段階のプロジェクトオフィスに各ユーザ部門のキーパーソンを参画させ，ユーザ部門の要求とりまとめやプロジェクト概要の伝達など，中心的な役割をもたせた。

■ 利害調整をアピールする内容

> 特に重要と考えたこと／工夫したことは，プロジェクトの位置づけ，目的を十分に説明し納得してもらう機会を設けたことである。具体的には，ユーザ部門ごとに説明会を開催し，複数の代替案も含めて，それぞれのメリット・デメリットとともに示し，ユーザ側にその中から選択させるかたちで同意を得た。どうしても同意が得られない場合は，プロジェクトオーナにエスカレーションした。

> ★「具体的には」のかわりに「例えば……」として，具体例を示すパターンも有効である。その場合，具体的なユーザ部門の名称を使った説明にする。

■ マネジメントプロセス関連の内容

> 特に重要と考えたこと／工夫したことは，定期的に様々な項目で進捗状況をチェック・評価したことである。例えば，各開発チームについては作業的な進捗のみならず，個々のチームメンバの出勤状況，残業時間，雰囲気（簡単な面談による本人の様子の確認と，チームリーダからのヒアリング）などもチェックし，何らかの気がかりな点があれば，ただちに対策を打った。

■ 経験者の知恵を活用する内容

　本プロジェクトと類似案件を担当したPMに，実際に会いに行きヒアリングを行った。具体的には，過去のプロジェクトDBから類似案件を数件ピックアップし，その担当PMとコンタクトをとり，実際に会って話を聞いた。1名の話だと内容的に偏りが生じる恐れがあること，できるだけ様々な観点から情報収集したかったことから，3名のPMにヒアリングを行った。

■ 遅延対応の内容

　遅延対応として「クラッシング」を行った。具体的には，協力会社から2名の要員を新たに追加した。その際，十分な経験と必要なスキルをもっているかどうか，人柄はチームプレーに適しているか等を確認するため，チームリーダと私が直接面接も行った上で，選別・決定した。

■ 問題発生時の対処の内容

　迅速かつ適切な対応を行うため，緊急でプロジェクトメンバ全員に招集をかけた。具体的には，こちらから，発生した問題の内容・経緯について説明し，最優先で対応する方針を明確に示した。まず共通認識を持つことを重視した。その上で，対応策を検討するメンバをこちらから指名した。追加したほうがよいメンバがいないかその場で確認し，2名を追加した。

品質管理の工夫の内容（請負契約でベンダを利用した場合）

当社のプロジェクト管理に規定している品質管理基準に従って品質管理を行うことを契約時に合意した。たとえば，外部設計のレビュー指摘密度は，1ページあたり下限値0.5，上限値1.5という当社側の規定値を採用した。

進捗管理の工夫の内容（請負契約でベンダを利用した場合）

進捗率，達成率といった数値だけでは正確に把握できないおそれがある。そのため，議事録も提出項目に追加した。具体的には，参加者の経歴，それぞれの発言内容など，質的な面での把握をしやすくする情報を加える工夫を行った。

リスクマネジメント

想定されるリスクの洗い出しを行った上で，その予想発生確率と発生した場合のビジネス上の影響度を評価した。具体的には，発生確率に関しては，大（0.5以上），中（0.2から0.5未満），小（0.2未満）の3分類とし，影響度は大（1億円以上），中（1000万円から1億円未満），小（－1000万円未満）とした。

■ **リスクを抑えるための工夫**

できるだけ上流工程で品質を高める工夫をした。具体的には，外部設計工程において経験豊富なエンジニア2名を外部レビューアとしてレビューに参加させたことである。不具合が発見された場合の対応量は，上流ほど小さくて済むため，それを狙った工夫である。

■ **短期間のプロジェクトへの対応（工夫）**

今回のプロジェクトは，計画上すべてのフェーズで余裕がなかったため，プロジェクト開始前の勉強会を実施しスムーズな遂行につなげる工夫を行った。具体的にはプロジェクト開始の2ヶ月前からPMの私も含め類似プロジェクトの経験者を招き，プロジェクトメンバにレクチャする機会を週に1回のペースで実施した。

　具体的なモジュールは，プロジェクトマネージャ午後Ⅰ試験の本試験問題から作成することができる。午後Ⅰ対策が午後Ⅱの準備になるので一石二鳥である。
　たとえば，令和4年度午後Ⅰの問3から，以下のようなモジュールを作ることができる。

過去問

　問3　プロジェクトにおけるチームビルディングに関する次の記述を読んで，設問に答えよ。
・・・・（省略）・・・・
　［プロジェクトチームの形成］
・・・・（省略）・・・・
　G氏は，これまで見てきたF社の状況と無記名アンケートの結果を照ら

し合わせて，これまでのＰＭによる統制型のマネジメントからチームによる自律的なマネジメントへの転換を進めることにした。

［プロジェクトチームの運営］
　　Ｇ氏は，チームによる自律的なマネジメントを実施するに当たってメンバーとの対話を重ね，本プロジェクトチームの運営方法を次のとおり定めることをメンバーと合意した。
・メンバーは⑤対立する意見にも耳を傾け，自分の意見も率直に述べる。
・プロジェクトの意思決定に関しては，ＰＭからの指示を待つのではなく，⑥メンバー間での対話を通じてプロジェクトチームとして意思決定する。
・メンバーは，他のメンバーの作業がより良く進むための支援や提案を行う。⑦自分の能力不足によって困難な状況になったときは，それを他のメンバーにためらわずに伝える。

■ チーム運営上の工夫

	チ	ー	ム	運	営	に	関	し	て	工	夫	し	た	こ	と	は	，	極	力	チ	ー	ム	メ	ン
バ	ー	に	よ	る	自	律	的	な	運	営	を	行	う	こ	と	が	で	き	る	よ	う	メ	ン	バ
ー	と	話	し	合	い	を	重	ね	，	運	営	ル	ー	ル	を	決	め	あ	ら	か	じ	め	合	意
し	た	。	例	え	ば	，	メ	ン	バ	ー	は	立	場	・	経	験	に	拘	ら	ず	，	対	立	す
る	意	見	に	も	耳	を	傾	け	る	と	と	も	に	，	自	分	の	意	見	も	率	直	に	述
べ	る	こ	と	，	指	示	・	命	令	を	待	つ	の	で	は	な	く	常	に	対	話	を	通	じ
て	意	思	決	定	す	る	こ	と	な	ど	で	あ	る	。										

合格できる答案例　令和5年度　問1

※問題文は，43〜44頁を参照のこと。

答案例

問1　プロジェクトマネジメント計画の修整（テーラリング）について

1．プロジェクトの概要

1．1．プロジェクトの目標

　本プロジェクトの目標は，「SFA活用による営業担当者間の営業力格差の縮小」である。これは，SFAの活用により経験が少ない営業担当者でも中堅担当者と同等な営業活動を可能にし，売上の向上と同時に営業担当者の流出防止を狙ったものである。

　背景としては，業界の競争環境の激化があった。そのため経営陣から早期実現を指示され，プロジェクト期間は6ヶ月，SFAのパーケージをベースにした開発である。

1．2．目標を達成するために重要と考えたプロジェクトマネジメントの対象と理
　　　由

　本プロジェクトにおいて，目標を達成するために重要と考えたプロジェクトマネジメントの対象は「ステークホルダ」である。具体的には今回開発するシステムオーナーであり，業務に直接影響を受ける営業部門である。

　重要と考えた理由は，経営における影響力が極めて大きいがIT化に関しては素人の営業部門の関与度を高めないとプロジェクトの成功が期待できないという，本プロジェクトの独自性にある。また，今回の開発は営業部出身の経営者を中心に決定されたものではあったが，営業業務を直接対象にした本格的なシステム開発プロジェクトは初めてであったという事情もある。

2．修整したマネジメントの方法

2．1．修整したマネジメントの方法

　本プロジェクトのプロジェクトマネジメント計画時に修整したマネジメントの方法は，「マネジメントの役割と責任」の定義に関わることである。弊社ではこれまで，

会計システム，人事系システムを中心に毎年のように開発を行ってきた。開発はベンダーを巻き込むこともあるが，すべて情報システム部が担当してきた。そのほとんどが経営陣からの指示であり，それは本プロジェクトも同様であった。

　これまでのシステム開発プロジェクトはすべて，情報システム部が責任部門となり，開発に関連する部門が協力するという役割であった。しかし，本プロジェクトでは情報システム及び営業部門の役割と責任を修整した。

２．２．修整が必要と判断した理由

　修整が必要と判断した理由は，経営上大きな影響力を持つ営業部の高い関与がなければ目標達成の見込が立たないという本プロジェクトの独自性を考慮したからである。例えば，今回の開発では要件定義フェーズから，実際に業務を行う営業担当者の積極的な関与が必須であり，それがシステムの品質，進捗に大きな影響を与えることは明かであった。しかし，経理部門や人事部門と異なり営業担当者は業務の多くを社外で行うため，営業部長を始め"組織"として理解と関与がないと実現が困難である。

　「大きな影響度をもつのであれば高い関与度をもってもらう」ことを明確なかたちとして示すことが，なによりも有効と考えプロジェクトマネジメント体制の修整を行った。

２．３．修整した内容

　修整した主な具体的な内容は，本プロジェクトは営業部門と情報システム部門共同プロジェクトと位置づけ，プロジェクトマネージャーは営業部長と情報システム部課長の私の２人体制とすること，プロジェクトオフィスのみならずプロジェクトメンバーにも営業部から参画させることの２つである。この修整内容を営業部長に説明し同意を得た上で，経営陣に提案し承認を得た。

　結果的に，プロジェクトオフィス３名（営業部２名，情報システム部１名），プロジェクトチーム９名（営業部３名，情報システム部４名，ベンダー２名）の体制となった。

３．モニタリング方法と結果

３．１．修整の有効性のモニタリング方法

　修整が有効に機能しているかどうかのモニタリングは，プロジェクトオフィスおよびメンバーによる毎朝のブリーフィングを観察することで行った。具体的には，営業担当者の出席状況，発言内容，態度等の観察・記録を私自身が行った。

　また，今回はプロジェクトメンバーがプロジェクトオフィスを含めても12名と少なかったので，私が個別に面談を行った。1週間に1度は全員の話を聴くことができるよう配慮した。例えば，営業担当者の「このSFAを使い始めたら営業成績は上がると思うか？どういう面で期待できるか？」と質問することで理解度や期待度が確認できたし，情報システム部やベンダーの担当者には「営業担当者の関与度はどうか？」と質問することで観察を補足する情報が得られた。そして，これらの内容については，営業部長と共有した。

3．2．モニタリングの結果とその評価

　プロジェクト中盤にさしかかった時点においても，営業担当者は役割を確実にこなしており，プロジェクトの進捗もスケジュール通りであった。しかし，その時点でのモニタリング結果として，営業担当者から新システムに対する期待度が上がっていなかった。具体的には，担当者に質問しても「よそさうです」「効果ありそうです」といった具体性に欠ける回答が多かった。

　与えられた作業はこなしていてもシステムの機能や具体的な性能に関する理解度が上がっていない結果，期待度も上がっていないと評価した。

3．3．必要に応じて行った対応

　モニタリングの結果及び評価に基づき，プロジェクトに参加しているベンダー担当者に依頼してSFAを彼らが実際に使用する場面を営業メンバーに見せる機会を作るようにした。ベンダーの担当者は営業担当ではなかったが，同じSFAを使用して日常的なアクティビティ管理をしていたので，さしさわりのない範囲で見せてくれるよう依頼した。

　今後利用するSFAを実際の業務で利用するシーンに触れることで，営業担当者の理解を深めるととも期待度を高めることを意図した対応策である。結果的に，理解度も期待度も上がりそれまで以上に当事者としての自覚をもった取り組みとなった。

以上

合格できる答案例　令和５年度　問２

※問題文は，47～48頁を参照のこと。

答案例

問２　組織のプロジェクトマネジメント能力の向上につながるプロジェクト終結
　　時の評価について

１．プロジェクトの概要

１．１．プロジェクトの独自性

　本プロジェクトは，SFA活用による営業担当者間の営業力格差の縮小を目標とし
たシステム開発である。これは，SFAの活用により経験が少ない営業担当者でも中
堅担当者と同等な営業活動を可能にし，売上の向上と同時に営業担当者の流出防止
を狙ったものである。

　背景としては，業界の競争環境の激化があった。そのため経営陣から早期実現を
指示され，プロジェクト期間は６ヶ月，SFAのパーケージをベースにした開発であ
る。

　本プロジェクトの独自性は，「経営における影響力が極めて大きい営業部門の関
与度を高めないとプロジェクトの成功が期待できない」点にあった。本プロジェク
トにおいて，営業部門は，目標を達成するために重要な「ステークホルダ」の筆頭
であった。具体的には今回開発するシステムオーナーであり，業務に直接影響を受
ける部門である。

１．２．未達成となった目標とその経緯

　本プロジェクトにおいて未達成になった目標は，新システムへの完全移行（現行
プロセス廃止）」である。新システム稼働は期限どおり６ヶ月で完了したが，それ
と同時に従来の仕組みを廃止することが実現できなかった。

　このような事態に至った経緯は，まず，当初から営業部門が消極的・非協力的で
あったこと，そして，それを認識しつつもそのままプロジェクトを進行させたこと，
その結果，最終段階で営業部長が新システム移行に同意しなかったこと。最終的に
は，経営陣の判断で新システムは稼働させ，３ヶ月後を目処に現行プロセスを廃止
することが決定された。

１．３．目標未達成がステークホルダに与えた影響

　結果的に３ヶ月間２本立てのプロセスが稼働することになり，現場の混乱とともに新システムの有効活用による営業力格差の縮小も遅れることとなった。

２．目標未達成の原因について

２．１．目標未達成の直接原因の内容

　目標未達成の直接原因は，ステークホルダマネジメントの失敗である。プロジェクト開始前から営業部の参画・協力が得にくいことは十分予想できたし，実際そうなったにも関わらず営業部責任者である営業部長とのコミュニケーションも不足していた。

　要件定義フェーズやテストフェーズを通じて，営業担当者の参画が得られていたし，システム開発そのものは大きな問題もなく進行していたので，最終局面で突然営業部長が「新システムに移行した場合のリスクとその対応がはっきりしていない」ことを理由に承認を拒んだ際には，経営陣にエスカレーションする以外に手の打ちようがないという事態になってしまった。

２．２．根本原因を究明するために行ったこと

　根本原因を究明するために行ったのは，本プロジェクトの独自性に着目した分析である。弊社ではこれまで，会計システム，人事系システムを中心に毎年のように開発を行ってきた。これらのシステム開発プロジェクトではすべて，情報システム部が責任部門となり，開発に関連する部門が協力するという役割であった。これまでのプロジェクトがすべて目標達成というわけではないが，今回のようなことは起きていない。そこで検討したのは，以下の２点である。

①人事部門や経理部門との関係と営業部門と情報システム部門はどこが異なるか？

②上記の違いがプロジェクトマネジメントに与える影響は何か？

　具体的には，プロジェクトオフィスメンバと私でこれまでと今回の対比を前提に因果関係をていねいに整理していった。例えば，「もし，人事や経理も情報システム同様の間接部門ではなかったら営業部門と同様の態度をとるのだろうか？」とか，「もし人事や経理がプロジェクトに非協力的であったら，今回同様に失敗したのだろうか？」といった問いについても検証していった。

２．３．根本原因の内容

　究明の結果明らかになった根本原因は，「システム開発プロジェクトの位置づけと責任の持ち方」にあると判断した。具体的には，情報システム部は社内において

売上を求められないコスト部門という位置づけであり，社内の各部門も情報システム部をシステム開発・運用・保守を行う部門ととらえている。結果，システム開発プロジェクトは開発を行うのだから情報システム部が責任をもつということが慣例となっていた。

　しかし，システム開発プロジェクトにおいて開発は手段であって目的でも目標でもない。実際本プロジェクトの目標も「SFA活用による営業担当者間の営業力格差の縮小」である。これは営業部が達成責任をもつ内容であり情報システム部ではない。これまで人事部門や経理部門とのプロジェクトが大きな失敗につながらなかったのは，情報システム部と同様コスト部門であるという面もあるが，"たまたま"そうなっただけであり，システム開発プロジェクトにおける責任は人事部門や経理部門であり，プロジェクトの責任部門となるべきであった。このような結論に達した。

３．再発防止策について
３．１．立案した再発防止策
　立案した再発防止案は，「目標をコミットする部門をプロジェクトの責任部門としたプロジェクトマネジメントにする」というものである。これにより当事者である部門がプロジェクトに対して非協力的になったり，十分に参画しなかったり，といったことで目標未達成になる防ぐことが期待できる。例えば，今回のように「SFA活用による営業担当者間の営業力格差の縮小」という営業部が達成責任を持つ目標であれば，営業部門がシステム開発プロジェクトの責任部門になり，情報システム部門との共同プロジェクトと位置づける。

　この再発防止策について，根本原因の究明プロセスも含め経営陣に説明・提案し承認を得た。

３．２．再発防止策を組織に定着させるための工夫について
　再発防止策を組織に定着させるために行った工夫は，今回のプロジェクトに早速適用したことである。本プロジェクトは目標未達成というかたちになったが，終了したわけではなかった。

　そこで，現行の仕組みを廃止し「完全移行」を実現する３ヶ月後までを再発防止策を適用したプロジェクトとすることにした。具体的には，営業部長と情報システム部課長の私がプロジェクトマネージャーとなり，プロジェクトオフィスに営業担当者２名を加える体制とした。
再発防止策そのものは経営陣に承認を得た後であったし，実質的な作業はほとんど

なかったので，営業部に反対する理由はなく，営業部長も承諾した。これが再発防止策適用第1号のプロジェクトとなった。

　社内に強い影響力をもつ営業部門が早々に再発防止策を適用したことで組織への浸透・徹底が実現しやすくなった。

以上

合格できる答案例　令和4年度　問1

問1　システム開発プロジェクトにおける事業環境の変化への対応について

　システム開発プロジェクトでは，事業環境の変化に対応して，プロジェクトチームの外部のステークホルダからプロジェクトの実行中に計画変更の要求を受けることがある。このような計画変更には，プロジェクトにプラスの影響を与える機会とマイナスの影響を与える脅威が伴う。計画変更を効果的に実施するためには，機会を生かす対応策と脅威を抑える対応策の策定が重要である。

　例えば，競合相手との差別化を図る機能の提供を目的とするシステム開発プロジェクトの実行中に，競合相手が同種の新機能を提供することを公表し，これに対応して営業部門から，差別化を図る機能の提供時期を，予算を追加してでも前倒しする計画変更が要求されたとする。この計画変更で，短期開発への挑戦というプラスの影響を与える機会が生まれ，プロジェクトチームの成長が期待できる。この機会を生かすために，短期開発の経験者をプロジェクトチームに加え，メンバーがそのノウハウを習得するという対応策を策定する。一方で，スケジュールの見直しというマイナスの影響を与える脅威が生まれ，プロジェクトチームが混乱したり生産性が低下したりする。この脅威を抑えるために，差別化に寄与する度合いの高い機能から段階的に前倒しして提供していくという対応策を策定する。

　策定した対応策を反映した上で，計画変更の内容を確定して実施し，事業環境の変化に迅速に対応する。

　あなたの経験と考えに基づいて，設問ア～設問ウに従って論述せよ。

設問ア　あなたが携わったシステム開発プロジェクトの概要と目的，計画変更の背景となった事業環境の変化，及びプロジェクトチームの外部のステークホルダからプロジェクトの実行中に受けた計画変更の要求の内容について，800字以内で述べよ。

設問イ　設問アで述べた計画変更の要求を受けて策定した，機会を生かす対応策，脅威を抑える対応策，及び確定させた計画変更の内容について，800字以上

　　　1,600字以内で具体的に述べよ。

設問ウ　設問イで述べた計画変更の実施の状況及びその結果による事業環境の変化
　　への対応の評価について，600字以上1,200字以内で具体的に述べよ。

答案例

問1　システム開発プロジェクトにおける事業環境の変化への対応について
1．プロジェクトの概要と計画変更要求の背景と内容
1．1．プロジェクトの概要と目的
　　私が携わったのは，自社の基幹情報システム再構築プロジェクトである。本プロ
ジェクトの目的は，経営戦略の変更に伴い，システムの最構築により経営の意思決
定スピードの向上を図ることである。
　　プロジェクト体制はプロジェクトオフィス3名と，情報システム部20名であっ
た。体制面の特徴としては，システム部の世代交代により今回のような大規模なプ
ロジェクト経験を持たない若手メンバーが中心だったことである。期間は9か月で
あった。
1．2．計画変更の背景となった事業環境の変化
　　本プロジェクトの計画変更の背景となった事業環境の変化は，同業他社の買収で
ある。これは金融機関を通じての打診がきっかけである。具体的には，単独での事
業継続が難しいX社を買収する提案である。この打診を受け入れることで当社とし
ては，市場の拡大と規模の拡大による経営基盤の強化を図ることができる。しかし，
打診を受けたのがまさに本プロジェクトのキックオフミーティングを行った翌日で
あり，経営陣の判断によりプロジェクト中断が決定された。
1．3．計画変更の要求内容
　　経営陣から計画変更の要求は，以下の2点であった。
①2か月間プロジェクトを中断する。
②買収が決定した場合はプロジェクトを白紙にもどす。買収しない場合はスケジュ
　ールを見直しした上でできるだけ当初の予定どおりの完了を目指す。

2．対応策と確定させた計画変更の内容
2．1．機会を生かす対応策
　　機会を生かす対応策は，若手メンバーの育成の場としての活用である。まず，中

断期間中，20名全員をリリースするのではなく，プロジェクト経験がない若手メンバー12名は残し，残りの中堅メンバー8名を通常業務に戻した。買収が確定した場合プロジェクトはなくなるので作業に着手するわけにはいかない。しかし，買収しないとなった場合，開始が2か月遅れたかたちになるものの，できるだけ当初の予定どおりの完了が求められていた。

そこで本プロジェクトを題材にしてプロジェクト運営のシミュレーションを行い，若手メンバーのスキルアップを図ることにした。具体的には6名ずつの2チームに分け，それぞれのチームにプロジェクトオフィスメンバ1名をチューターとして配置した。そしてチームごとに，2か月遅れでプロジェクトを再開した場合の課題を検討させた。

その際，育成が最優先のテーマであり期間的に余裕もあったので，すぐに解決策を検討するのではなく，できるだけ課題を出し尽くすことを重視した。たとえば，まる1日使って，期間短縮した場合に想定されるリスクを検討後，それぞれに発表してもらい，その後ディスカッションする場を設けたこともあった。

2．2．脅威を抑える対応策

脅威を抑える対応策としては，次の2つを行った。ひとつは買収が決まった場合のことはいっさい考慮からはずすことである。計画を"白紙"にもどすという要求であって，やめるということではない。しかし，買収した場合の本プロジェクトの位置づけ，スコープはあまりに不確実なことが多く検討する意味がないと判断した。

ふたつ目は，買収しないことになった場合の要員の補強策の準備である。期間短縮した場合の対応策は，機会を生かす対応策として検討していたし，若手のスキルアップによりプロジェクト全体としてパフォーマンスアップも期待できたが，それを前提にした計画ではリスクが大きいと判断した。具体的には，これまで何度か開発サポートを依頼したことのあるベンダに2か月後からの業務依頼を打診した。

2．3．確定させた計画変更の内容

確定させた計画変更の内容は，①中断期間である2か月間を若手メンバーの育成および2か月後から再開となった場合の計画修正期間とする。②2か月後から再開となった場合サポート目的で外部メンバーを加える。③買収が確定した場合，本プロジェクトは解散する。

3．計画変更の実施状況と評価

3．1．計画変更の実施状況

　経営陣による打診の検討は予定より早く１か月強で決定した。結果は打診を受けない（買収しない）ほうであった。若手の育成は残り２週を予定していたがただちにそれを取りやめた。そして，検討していたスケジュールを２週間のバッファをもたせるかたちでスタートさせた。

　機会を生かす対策により，12名のメンバーのプロジェクトマネジメントや修正した計画に関する理解度は高まり，チームとしてのコミュニケーションもよく，プロジェクト期間中進捗率は常時100％を維持できた。

　一方，脅威を抑える対策として外部からの要員のサポートは，開始から１か月後の進捗状況から不要と判断し，先方との話合いにより１か月間のサポートで終了させた。

３．２．事業環境の変化への対応の評価

　結果的には，単にプロジェクトが１か月強中断になったということであって，プロジェクトの突然の中断，再開という変化に対し，要求どおりに当初の計画どおりに完了させることができた。

　費用面では，当初の計画になかった外部サポート１か月分が発生したが予備費の範囲内に収まった。

　このような結果が得られたのは，今回の中断を実践的な題材として若手メンバーを育成できたことが最大の要因と考えている。実際のプロジェクトの場において，意図的なプログラムによる育成を行うことは難しいが，偶然とはいえ，そのような場を実現できたことは今後の育成の改善にも貴重な参考事例となったと考える。

　以上のことから，この度の一連の対応策は十分に効果的であったと評価している。

以上

合格できる答案例　令和４年度　問２

問2　プロジェクト目標の達成のためのステークホルダとのコミュニケーションについて

　システム開発プロジェクトでは，プロジェクト目標（以下，目標という）を達成するために，目標の達成に大きな影響を与えるステークホルダ（以下，主要ステークホルダという）と積極的にコミュニケーションを行うことが求められる。

　プロジェクトの計画段階においては，主要ステークホルダへのヒアリングなどを通じて，その要求事項に基づきスコープを定義して合意する。その際，スコープとしては明確に定義されなかったプロジェクトへの期待があることを想定して，プロジェクトへの過大な期待や主要ステークホルダ間の相反する期待の有無を確認する。過大な期待や期待に対しては，適切にマネジメントしないと目標の達成が妨げられるおそれがある。そこで，主要ステークホルダと積極的にコミュニケーションを行い，過大な期待や相反する期待によって目標の達成が妨げられないように努める。

　プロジェクトの実行段階においては，コミュニケーションの不足などによって，主要ステークホルダに認識の齟齬<ruby>齬<rt>そ</rt></ruby>や誤解（以下，認識の不一致という）が生じることがある。これによって目標の達成が妨げられるおそれがある場合，主要ステークホルダと積極的にコミュニケーションを行って認識の不一致の解消に努める。

　あなたの経験と考えに基づいて，設問ア〜設問ウに従って論述せよ。

設問ア　あなたが携わったシステム開発プロジェクトの概要，目標，及び主要ステークホルダが目標の達成に与える影響について，800字以内で述べよ。

設問イ　設問アで述べたプロジェクトに関し，"計画段階"において確認した主要ステークホルダの過大な期待や相反する期待の内容，過大な期待や相反する期待によって目標の達成が妨げられるおそれがあると判断した理由，及び"計画段階"において目標の達成が妨げられないように積極的に行ったコミュニケーションについて，800字以上1,600字以内で具体的に述べよ。

設問ウ 設問アで述べたプロジェクトに関し，"実行段階"において生じた認識の不一致とその原因，及び"実行段階"において認識の不一致を解消するために積極的に行ったコミュニケーションについて，600字以上1,200字以内で具体的に述べよ。

問2 プロジェクト目標の達成のためのステークホルダとのコミュニケーションについて

1．プロジェクトの概要と主要ステークホルダによる影響

1．1．プロジェクトの概要と目標

　私が携わったのは，自社の基幹情報システム再構築プロジェクトである。経営戦略の変更に伴い，経営の意思決定スピードの向上を図ることが狙いである。

　本プロジェクトの目標は，設定した時期に完了させることはもちろん，再構築したシステムを利用することで実際に経営の意思決定スピード向上を実現させることであった。具体的には，業務およびシステム上課題となっていた売上見込（予測）データが即時提供可能にすることが目玉であった。

　売上見込は営業部が販売支援システム上で作成する情報である。この情報は月次の役員会で使用されるため月次で作成していたが，全従業員が必要に応じて日次ベースで活用可能にするというものである。

　プロジェクト体制はプロジェクトオフィス3名と，情報システム部20名であった。期間は9か月，すべての基幹業務を対象にするため全業務部門がステークホルダであった。

1．2．主要ステークホルダが目標達成に与える影響

　本プロジェクトの主要ステークホルダには，すべての事業部門が含まれるが，プロジェクトの目標達成には，業務的に大きな影響を受ける営業部の理解と協力が大前提であった。今回のプロジェクトでは"月次から日次へ"という更新のタイミングに焦点があたっていたが，情報の精度が低下しては意味がない。そしてその情報の精度は営業活動を行うすべての担当者のタイムリーかつ正確な情報入力に依存する。

　よって，プロジェクト目標達成に影響を与える主要ステークホルダは営業部の部長はもちろんすべての担当者であった。

2．計画段階の対応

2．1．主要ステークホルダの過大な期待の内容

　主要ステークホルダである営業部に本プロジェクトにより実現すること，業務上の留意事項等を説明した。その際，多くの営業担当者は実現することを適切に理解していないことがわかった。具体的には，次のような期待をしていた。

①月次に作成している売上予測データ作成業務がなくなること

②通常の業務で得られる情報を入力するだけで予測値はシステムが作成してくれること

③全体として現状よりシステム入力処理は減ること

2．2．目標達成が妨げられるおそれがあると判断した理由

　営業担当者の期待（理解）により，本プロジェクトの目標達成が妨げられるおそれがあると判断した理由は，以下の2点である。

①自分たちは単に入力するだけで利用するわけではないと考えていること

②単純に現状より入力処理量が減ると考えていること

　①については，担当者は，意思決定は“上のヒトたち”が行うもので自分たちは関係ないという認識のようであった。このままだと，「全従業員が利用することで意思決定の迅速化を図る」という目標が達成されないおそれがあった。

　②については，予測の精度を高めるため新システムでは入力する情報の種類や項目数が増加するため，単純に“量”が減ると認識していると「こんなはずではなかった」「前よりめんどうだ」ということになり，データの精度が落ちる可能性がある。その場合，提供する情報の信頼性が低下し目標が達成されなくなるおそれがあった。

2．3．積極的に行なったコミュニケーション

　計画段階で積極的に行ったコミュニケーションは営業現場への同行である。具体的には，営業部長の許可を得た上で，私を含めたプロジェクトオフィスメンバ3名と開発チームリーダ3名が2名ずつペアになり，1週間営業担当者に密着した。同行する営業担当者は営業部長に選定してもらい，協力の要請もしてもらった。

　同行中は担当者が行っていることの理解に焦点をあて，こちらから質問して話をしてもらうことに力点を置いた。例えば，本社にもどってから日報データの入力をしていた担当者に「もしタブレットやスマホで入力できるようになったらどうか？」と尋ねたことで，入力業務に対する要望が聞けた上に，新システムへの興味をもってもらうことができた。

　このようなコミュニケーションを選択したのは，「上の人たち」のための新シス

テムではなく，自分たちを含む全従業員のための新システムであること，そしてその新システムのメインは営業現場の活動によって得られる情報であることを，こちらの行動によって伝えることを意図したからである。

3．実行段階の対応
3．1．実行段階で生じた認識の不一致とその原因
　実行段階において生じた認識の不一致は，"すべての営業担当者"の解釈であった。その時点ではすべて月次ベースなため，日報は手が空いたときに入力，さらには，本社にもどったときに後輩の担当者に入力をまかせているという担当者が存在することがわかった。それらの担当者は新システムになっても現状を変える必要がないと部長から説明を受けていた。これは営業部長が，同行に協力してくれた担当者はもちろん，大半の担当者は現在でも各自日次ベースで入力しているので問題ないという認識であったためである。

　このような不一致を生じさせた原因は，営業部長および営業担当者は"売上予測"は"おおよその見込"を表すものであり，どんなに正確に入力したところで精度には限界があるから，"すべて"にこだわる必要性は低いと考えていることにあった。
3．2．積極的に行なったコミュニケーション
　実行段階で積極的に行ったコミュニケーションは，システムを使ったオペレーションの実演である。具体的には，営業部長を含め全営業担当者に実データを使用した売上予測のデモンストレーションを行った。全員残らず参加できるよう複数回に実施した。実演においては，入力データの正確さとタイミングにより，予測値がどの程度影響を受けるかをアピールすることに力点を置いた。例えば，入力値が同じでも1日入力が遅れた場合，実際の予測値にどれくらいの違いが出るのか確認してもらった。これは，自分たちが行う業務処理の重要性と予測に関する誤解を解消してもらうことを意図したものである。営業部長がすべての回の実演に参加してくれたこともあり，入力や利用に関する理解が得られた。

　　　　　　　　　　　　　　　　　　　　　　　　　　　　　　　以上

メ　モ

メ モ

＜著者紹介＞
三好 隆宏（みよし・たかひろ）：
資格の学校TACの情報処理技術者講座講師および中小企業診断士講座講師をつとめる。
情報処理技術者講座では，演習問題の作成・添削に20年以上携わっている。
北海道大学工学部卒。日本IBM，プライスウォーターハウスクーパーズを経て，現職。
著書に，『プロジェクトマネージャ 午後Ⅰ 最速の記述対策』『システムアーキテクト 午後Ⅱ 最速の論述対策』『うまくいかない人とうまくいかない職場 見方を変えれば仕事が180度変わる』『コーチみよしのへ〜ンシン！』（いずれもTAC出版）がある。

情報処理技術者高度試験速習シリーズ

2024年度版 プロジェクトマネージャ 午後Ⅱ 最速の論述対策

（2010年3月20日 初 版 第1刷発行）

2024年2月20日 初 版 第1刷発行

著 者	三 好 隆 宏	
発 行 者	多 田 敏 男	
発 行 所	TAC株式会社 出版事業部	
	（TAC出版）	

〒101-8383
東京都千代田区神田三崎町3-2-18
電話 03(5276)9492(営業)
FAX 03(5276)9674
https://shuppan.tac-school.co.jp

印 刷	株式会社 ワ コ ー	
製 本	株式会社 常 川 製 本	

© Takahiro Miyoshi 2024　　Printed in Japan

ISBN 978-4-300-11069-0
N.D.C. 007

TAC出版 書籍のご案内

TAC出版では、資格の学校TAC各講座の定評ある執筆陣による資格試験の参考書をはじめ、資格取得者の開業法や仕事術、実務書、ビジネス書、一般書などを発行しています！

TAC出版の書籍

＊一部書籍は、早稲田経営出版のブランドにて刊行しております。

資格・検定試験の受験対策書籍

- ✪日商簿記検定
- ✪建設業経理士
- ✪全経簿記上級
- ✪税 理 士
- ✪公認会計士
- ✪社会保険労務士
- ✪中小企業診断士
- ✪証券アナリスト

- ✪ファイナンシャルプランナー(FP)
- ✪証券外務員
- ✪貸金業務取扱主任者
- ✪不動産鑑定士
- ✪宅地建物取引士
- ✪賃貸不動産経営管理士
- ✪マンション管理士
- ✪管理業務主任者

- ✪司法書士
- ✪行政書士
- ✪司法試験
- ✪弁理士
- ✪公務員試験(大卒程度・高卒者)
- ✪情報処理試験
- ✪介護福祉士
- ✪ケアマネジャー
- ✪社会福祉士　ほか

実務書・ビジネス書

- ✪会計実務、税法、税務、経理
- ✪総務、労務、人事
- ✪ビジネススキル、マナー、就職、自己啓発
- ✪資格取得者の開業法、仕事術、営業術
- ✪翻訳ビジネス書

一般書・エンタメ書

- ✪ファッション
- ✪エッセイ、レシピ
- ✪スポーツ
- ✪旅行ガイド (おとな旅プレミアム/ハルカナ)
- ✪翻訳小説

書籍の正誤に関するご確認とお問合せについて

書籍の記載内容に誤りではないかと思われる箇所がございましたら、以下の手順にてご確認とお問合せをしてくださいますよう、お願い申し上げます。

なお、正誤のお問合せ以外の**書籍内容に関する解説および受験指導などは、一切行っておりません。**
そのようなお問合せにつきましては、お答えいたしかねますので、あらかじめご了承ください。

1 「Cyber Book Store」にて正誤表を確認する

TAC出版書籍販売サイト「Cyber Book Store」の
トップページ内「正誤表」コーナーにて、正誤表をご確認ください。

CYBER TAC出版書籍販売サイト
BOOK STORE

URL：https://bookstore.tac-school.co.jp/

2 ①の正誤表がない、あるいは正誤表に該当箇所の記載がない
⇒ 下記①、②のどちらかの方法で文書にて問合せをする

★ご注意ください★

お電話でのお問合せは、お受けいたしません。

①、②のどちらの方法でも、お問合せの際には、「お名前」とともに、

「対象の書籍名（○級・第○回対策も含む）およびその版数（第○版・○○年度版など）」
「お問合せ該当箇所の頁数と行数」
「誤りと思われる記載」
「正しいとお考えになる記載とその根拠」

を明記してください。

なお、回答までに1週間前後を要する場合もございます。あらかじめご了承ください。

① ウェブページ「Cyber Book Store」内の「お問合せフォーム」より問合せをする

【お問合せフォームアドレス】

https://bookstore.tac-school.co.jp/inquiry/

② メールにより問合せをする

【メール宛先　TAC出版】

syuppan-h@tac-school.co.jp

※土日祝日はお問合せ対応をおこなっておりません。
※正誤のお問合せ対応は、該当書籍の改訂版刊行月末日までといたします。

乱丁・落丁による交換は、該当書籍の改訂版刊行月末日までといたします。なお、書籍の在庫状況等により、お受けできない場合もございます。

また、各種本試験の実施の延期、中止を理由とした本書の返品はお受けいたしません。返金もいたしかねますので、あらかじめご了承くださいますようお願い申し上げます。

（2022年7月現在）